我要當腰精

蔡湘晴◎著

前言

這是一個大家都熟悉的故事，源自馮夢龍的《古今笑史》。一個平原人，自稱醫術高明，治療駝背的療效是百分之百。有個駝子聽到這個消息，給了他很多錢請他醫治。平原人讓駝子趴在床上，然後自己站上去，試圖用腳狠踏駝子突起的駝背。駝子嚇得喊叫起來：「你想踩死我啊！」平原人面不改色地說：「我只管把你的背弄直，其他的我可不管。」

很多人把這個故事當作笑話來看，然而，如果問大家，若你是駝背，你會選擇這種治療方式嗎？估計所有人的答案都是否定的。但是，如果問一個粗腰的女人，用一種極端的方式讓妳的腰立刻變得苗條起來，妳願意嗎？估計所有女人都會變得猶豫起來，其中一部分還會義無反顧地做出肯定的選擇。

「女為悅己者容」是傳統的觀念，現代女人首先是為自己容，再為別人容。在這個追求美色的時代，當「花美男」都成為一種時尚時，真正的女人們不得不重新思考該如何讓自己變得更漂亮了。事實上，羽西曾經說過：「沒有醜女人，只有懶女人。」的確，美麗不僅是結果，更是過程。

本書圍繞美麗的一個方面——纖腰，來展開追尋美麗之旅。踏上這個旅途之前，我們首先來瞭解一下社會對女人細腰的期待。翻開中外歷史，我們會發現女人們在追求細腰這一點上，驚人的相似，更有甚者，男性們偶爾也會參與進來，將細腰之風推向極致。而在細腰的標準上，更是出現了

「不盈一握」這種變態的審美，為此，瑪麗蓮・夢露不惜取掉了自己的兩根肋骨。以今天的眼光來看，這種自殘的行為的確變態。充滿魅力的細腰，不僅需要尺寸的纖穠合度，更需要一種張力。在電影《蘿拉快跑》中，女主角穿著最普通的服裝，展現健康自然的纖腰，在挽救愛情的道路上與時間賽跑，展現了純淨、健康與活力，美麗之極。

獲得纖腰的方法很多，本書從服裝、飲食、運動、物理療法等全方位、多角度地展現通往纖腰的途徑。事實上，纖腰的旅途並不輕鬆。許多試圖瘦腰的人嘗試了很多不同的減肥食譜，然後竭盡全力地保持瘦身後的身材。我曾經見過一個肥胖患者每天只攝取四百卡路里的食物，她坦言三年間沒有吃飽過一餐。讓人遺憾的是，三年後她的腰身又恢復了減肥前的尺寸。同樣地，單純靠運動瘦腰的人儘管也能很快見到效果，一旦不堅持，也會很快地反彈。那麼，究竟怎樣才能真正瘦腰呢？答案不是節食、不是運動，也不是物理療法，而是改變我們的行為。從書中選取適合自己的方法，這種適合是從身體和心理兩個方面來進行考慮，然後堅持，將其變成我們的行為，那麼纖細的腰身就會永久保持。在那之前，可以採用著裝來進行修飾，達到纖腰的效果。

古人云：「知己知彼，百戰不殆。」瘦腰也是如此，儲存在我們腰間腹部的贅肉就是我們的敵人。本書幫助我們瞭解敵人，掌握消滅敵人的方法，瘦腰大業就會一直向前進行。現在，就讓我們展開瘦腰之旅吧！

目錄 Directory

Chapter 1

每個女人的聖渦夢

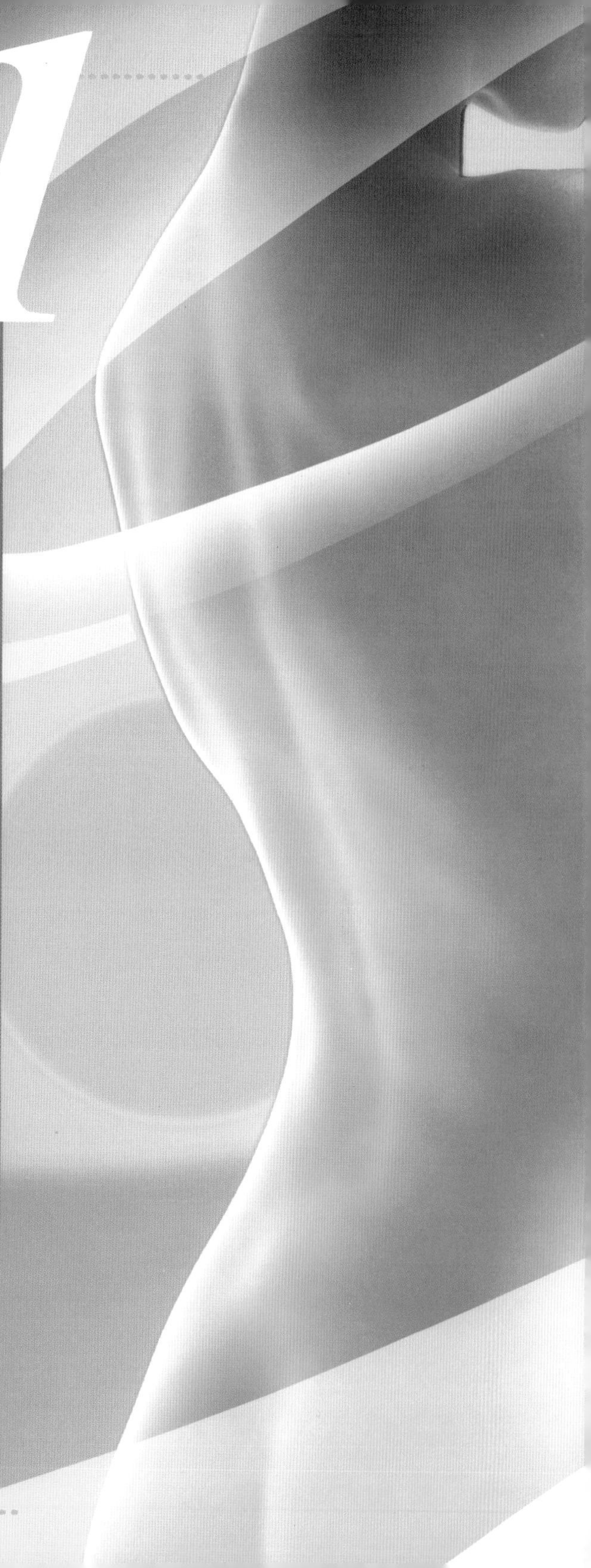

最美的女人

誰是世界上最美的女人？答案一定是那個顛倒眾生的女人——海倫。海倫究竟有多美？即使親眼所見，也沒有人能準確地進行描述，因為所有的語言在海倫面前都黯然失色了。

在《荷馬史詩》中，有兩段描述給後人留下了關於海倫之美的巨大的想像空間。第一段文字是寫經歷十年戰爭的人們，妻離子散、飽經滄桑，然而當他們抬頭看見站立在城頭的海倫時，連年邁的老人也驚為天人，不自覺地感嘆：「為了這樣一位永生的女神，特洛伊人和希臘人再打上十年的戰爭也值得。」海倫之美，真可以稱得上傾國傾城、驚心動魄。

另一段是對海倫的出場的描述，大意是：海倫走進去時，所有人都不由自主地站了起來，摒住了

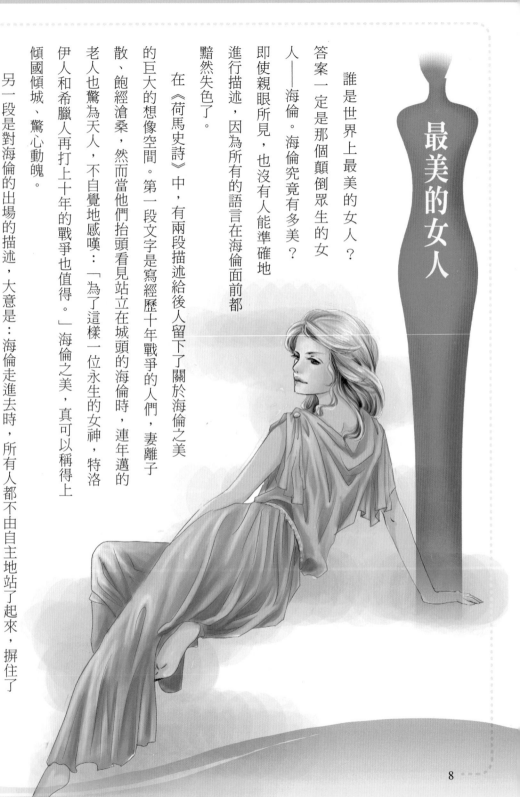

呼吸。而當她走過，身後就像颳起了一陣低緩的風暴。

海倫的美驚動了所有人，並不由自主地摒住了呼吸，這我們可以理解。但為什麼海倫走過的時候，身後就像颳起了一陣低緩的風暴呢？難道海倫的後背有什麼魔力嗎？

德國醫生古斯塔夫．麥凱斯替我們揭開了謎底。麥凱斯醫生花了大量的時間來研究臀部，發現臀部中間的裂縫上方有塊菱形空間，脊柱骨上的肌肉比其他部位要薄。在菱形旁邊兩側各有一個窩，俗稱「腰窩」，在美術界又稱「聖渦」，是理想的人體模特兒的標誌之一。

正是海倫如同水波一樣的聖渦，深深地迷住了身後的人。美在不同的歷史時期總有不同的涵義，如在中國某些朝代，一個女人如果擁有三吋長的細腳，便是美了，但這種狹隘的美，在海倫面前，變得不值一提。海倫的美，是真正意義上的美。這種美，用一句最俗也最貼近的話語來形容，即是「天使的臉孔，魔鬼的身材」；這種穿越時空、跨越國界的美，是所有女人的夢想。

楚腰纖細掌中輕

中國古典標準美女，首先是臉部的「三庭五眼」：髮際到眉際為上庭，眉際至鼻的下端為中庭，鼻的下端至地角下頷為下庭，三庭要基本相等；臉的寬度等於五個眼睛的寬度，兩眼之間寬度等於一個眼寬度，兩眼左右各有一個眼寬。美好的身材則有「站七」的標準：站立時身體高度相當於七個頭的長度。除此之外，不盈一握的細腰也是美女的一個重要指標。

一提「細腰」，彷彿是女性的專利。然而，在中國歷史上，第一次明確將「細腰」做為審美標準並將其推廣開的，卻是一位男性——楚靈王。「楚王好細腰」的典故，說的就是這位楚靈王。

《墨子》中描述：「昔者楚靈王好士細腰，故靈王之臣皆以一飯為節，脅息然後帶，扶牆然後起。比期年，朝有黧黑之色。」意思是：楚靈王喜歡自己的臣民有纖細的腰身，所以他的臣子一天只吃一頓飯，摒住呼吸然後繫上帶子，要扶住牆壁才能站起來。過了一年，朝廷上的官員個個面黃肌瘦，腰身自然也不盈一握。在今天看來，當官的為了得到君主的賞識，勒緊褲腰帶過日子，的確是一件非常滑稽的事情。然而，細究這位有特殊品味的楚靈王，其實不難發現，他其實是一位具有強烈藝術氣息的君主，換句話講，他的特殊的嗜好源於對美的無止境的追求。

楚靈王是一位喜歡跳舞的人，他經常親自身披羽毛，在宮殿裡揮動羽翅盤旋飛揚。而纖細的腰身最能體現舞者婀娜的舞姿。由於楚靈王的偏愛，郢都城裡颳起了細腰風，各種減肥方法應運而生。現有的資料進行查證：有吃辣椒減肥法、脫水減肥法、三溫暖減肥法、點穴減肥法，據說還有人用草藥製成了「脂肪燃燒彈」，每天吃三顆，就能燒掉體內百分之二十三的脂肪。可惜「脂肪燃燒彈」的製作工藝已經失傳了，否則一定會受到愛美人士的追捧。

楚靈王之後，楚地仍保留著以細腰為美的標準，上至君主大臣，下至黎民百姓，無論男女，無不以細腰為美。宋玉在《登徒子好色賦》中寫道：「東家之子，增之一分則太長，減之一分則太短；著粉則太白，施朱則太赤。眉如翠羽，肌如白雪，腰如束素，齒如含貝。嫣然一笑，惑陽城，迷下蔡……」做為美人的標準之一，腰像一束絲絹那麼細。中國古代可沒有現代化的機織方法，一束絲絹充其量不過碗口（還是小碗）大小，想起來就覺得恐怖。

然而，細腰的美學標準並沒有因為時間的推移而發生絲毫改變，反而有愈演愈烈之勢。漢朝的趙飛燕據說身材輕盈，能在宮女手托的盤子上翩翩起舞，令漢成帝癡迷不已，因而集萬千寵愛於一身。魏晉南北朝時期的《孔雀東南飛》中，對美人劉蘭芝有這樣的描述：「足下躡絲履，頭上玳瑁光，腰著流紈素，耳垂明月

當。指若削蔥根，口如含朱丹，纖纖作細步，精妙世無雙。」「纖纖作細步」將劉蘭芝婀娜的身姿表現得生動無比，不禁讓人聯想起中國幾千年女人纏小腳的陋習。透過畸形的方法限制女性腳的生長，使得女性走路時只能輕移蓮步，為了保持身體的平衡，必須加強腰肢的扭動，如弱柳扶風，婀娜多姿。

唐朝出了個著名的胖美人——楊貴妃。暫不論楊貴妃究竟有多豐滿，然而就整個唐朝而言，其實纖腰仍然是眾多男性的偏好。唐朝詩人杜牧官場失意之時，沉迷於秦樓楚館之中，寫下詩篇《遣懷》：「落魄江湖載酒行，楚腰纖細掌中輕。十年一覺揚州夢，贏得青樓薄幸名。」詩人用纖腰指代美麗的女子，其審美觀可見一斑。另一唐朝詩人武平也在詩句中寫道：「輕羅小扇白蘭花，纖腰玉帶舞天紗。疑是仙女下凡來，回眸一笑勝星華……綽約多逸態，輕盈不自持。嘗矜絕代色，復恃傾城姿。」由此看來，唐玄宗的個人品味並不能代表整個朝代的審美觀。宋朝詩人劉克莊在詩作《清平樂．宮腰束素》中寫道：「宮腰束素，只怕能輕舉。好築避風臺護取，莫遣驚鴻飛去。一團香玉溫柔，笑顰俱有風流。貪與蕭郎眉語，不知舞錯《伊州》。」束素般的細腰再次成為美女的代名詞。

現代作家沈從文在自己的隨筆中說，某天，見一個肥胖的婦人從橋上走過，心裡感到很難過。沈從文是文人，有著文人的敏感，在他的筆下，湘西的風情如同一個純樸多情的小姑娘。湘西的橋比不上現代化混凝土澆鑄的立交橋，而是幾根細長的原木或者木板一鋪，就算是橋了，行走在上面，顫顫悠悠。沈從文看到一個肥胖的婦人從橋上經過，纖細的美感立刻被戰戰兢兢的恐懼所代替，當然覺得難過。耿直的文人說不了假話，而也給現代女性敲了一記警鐘：不要再自欺欺人了，趕緊甩掉臃腫、展現自己的細腰，免得讓人看著難受。

緊身胸衣塑造的貴族身

內衣的起源可以追溯到遠古的原始社會。在《聖經》裡，記載著夏娃用樹葉遮擋著身體的關鍵部位，或許正是內衣的雛形。在西元三世紀，古希臘的女性開始了對身體曲線的膜拜，並發明了最原始的「塑身內衣」。奇妙的是，在當時這種內衣採用的已幾乎是現代立體的剪裁方法。當時，能夠穿著此類服裝的女性都是上流社會的女性。

十六世紀中期，法國王妃凱薩琳設計了第一件鐵製內衣。據說她是為了得到理想中的細腰，不惜穿上鐵製的服裝來限制身體的擴張。金屬內衣一般分為兩片或者四片，放在身體的兩側和前後，用鉸鏈或插銷來固定。一時之間，這種緊身內衣成為上流社會女性的時尚標誌，而被內衣束縛的十三吋的細腰，則是判斷一個女性是否優雅的標準。英國女王伊莉莎白一世甚至宣稱，只有擁有十三吋細腰的女士才能進皇宮。這是細腰第一次擁有了如此高的地位。

金屬內衣打造冰冷的性感，把女性的身體變得如同雕塑般僵硬。到了十六世紀，鐵製內衣被鯨鬚製成的內衣取代了。加入鯨鬚的內衣，同樣是用布製成的，卻仍保留了金屬內衣強力塑形的能力。鯨鬚製成的緊身內衣一進入上流社會，就受到了上流社會的追捧，流行了四百年之久。

在當時，女人們起床後，最費時的事情就是穿上緊身胸衣。《亂世佳人》中給我們留下深刻印象的一幕，即是郝思嘉在僕人為自己勒好纖細的腰後，甚至連東西也不能多吃。在湯瑪斯．羅蘭森的一幅蝕刻畫中，肥碩的妻子昂首挺胸地站在前面，瘦小的丈夫右腿站立，左腿抬起，使出渾身解數頂住妻子肥大的臀部，導致身體向側呈三十度傾斜。著急的妻子揮動著雙手，回頭喊：「緊點，再緊點。」

緊身胸衣塑造的細腰如同一場瘟疫，蔓延到了整個歐洲，連男性也不甘示弱起來。穿上緊身內衣，身姿立刻變得挺拔，吸引了無數豔羨的目光。隨著鯨鬚被橡膠取代後，廣大的勞動婦女們也開始使用緊身內衣。緊身內衣終於將它的使命發揮到了極致，「藝術品般的氣質」輻射到了社會各個角落。

西方有個漫畫家畫了一個穿上緊身衣的魔鬼，雖面目可憎，然而被緊緊勒住的腰身卻纖細無比。從此以後，苗條性感的身材都有了統一的稱呼——「魔鬼的身材」。

然而，緊身內衣由於違反了正常的自然規律，給人的身心也帶來了巨大的傷害。有人曾列舉出與緊身內衣相關的九十多種疾病，包括心肺功能受限、胸痛、乳腺增生，甚至導致癌症、不孕等。長期穿著緊身內衣，女性們的肋骨被迫內縮、變形，甚至影響到呼吸，因此，上流社會的女性總是隨身攜帶著嗅鹽，以備不時之需。

過分約束身體，變自然為畸形，追求極度細腰所衍生的審美趣味已經非正常化，甚至病態化，必然會遭到有識之士的批判。作家亨利．馬克尖刻地諷刺：「一個女人從細腰中得到的唯一滿足，就是讓其他愚蠢的女人嫉妒自己。」美國一個學者從經濟學的角度分析：「從經濟理論的角度來看，緊身內衣就是一種肢殘，目的在於降低女人的活力，使其永遠不適合工作，並使養活女人日益昂貴。」

二十世紀的二〇年代，一戰結束，女性們紛紛進入社會參與工作，身體終於擺脫束縛。但是，對美的追求並沒有停止，著名設計師迪奧推出的「New Look」，又開始向豐胸、細腰、寬臀的S型曲線回歸。

直到今天，緊身內衣不斷地演變、發展，但仍被頑固地保留了下來。

另類的東加人

東加人是世界上最幸福的人，可惜也是女人們最不願意模仿的對象。這看似矛盾，卻是一個毫無爭議的事實。

東加王國是當今世界少數君主立憲制的國家之一。從一八五四年喬治·杜包一世創立了現在的陶法阿豪王朝，現在的國王陶法阿豪·杜包四世執政已四十年。近代，東加曾先後被荷蘭、英國和西班牙人入侵，一九〇〇年成為英國的保護國，一九七〇年六月四日宣布完全獨立，並加入英聯邦。

有人說東加人是天生的音樂家。許多到過東加的人都說，東加美妙的演唱，再加上優美的自然景觀，常常讓人覺得到了一個夢幻的國度。在那裡，遠離喧囂，終日與音樂、舞蹈相伴，彷彿世外桃源。「拉卡拉卡」是東加最具代表性的傳統舞蹈，透過舒緩柔和的身體擺動來訴說情感。

可能是上帝忌恨如此完美的國度，祂賜予這裡的人們一種奇特的審美觀點：男人越胖越俊，女人越胖越美。東加是世界上擁有最多胖子的國家，因此這個國家又有一個美稱——胖子王國。在東加，只有肥胖的女性才能受到男性的青睞。肥胖的標準是脖子短，不能有明顯的腰身。如果腰比較細的人，就會用布一圈一圈地纏繞起來，使自己的腰身看起來如同水桶般。在東加人的腦袋裡沒有「減肥」這個概念，稍微瘦點的人都會覺得非常自卑。這裡的男子平均身高一百八十公分，平均體重超過九十公斤；女人平均身高一百六十公分，平均體重七十三公斤。

其實，東加人認為越胖越美是有原因的。首先，東加的物產豐富，主要種植椰子、香蕉、鳳梨等熱帶水果供出口，同時種植芋頭、甘薯等糧食作物，還飼養牛、羊、豬、馬，同時他們還用比較原始的漁具在沿海捕魚，產量不是很高。這個島國糧食不能自給，要靠進口。但是，在東加並沒有挨餓的人，因為大自然中可供食用的東西很多，如麵包果、西米樹、野香蕉等。

東加的國王透過貴族統治全國，每年都有最好吃的食物源源不斷地供給國王。國王吃遍了全國最好的食物，因此身體異常肥胖，他的臣民也群起效法。杜包國王體重約兩百公斤，號稱世界上塊頭最大的帝王，受到舉國上下的尊敬。按照東加的標準，杜包國王應該是東加最美的男子了。

東加終年溫熱，人們的生活習慣比較懶散，睡眠時間過長，造成體內脂肪大量聚積，身體越來越胖，逐漸形成「以胖為美」的標準。許多因為減肥而痛苦不堪的女性常常幻想能生活在東加，不過牢騷過後還是繼續減肥。

但是，隨著科學知識的普及，全世界的人都認為長得太胖不好，有礙身體健康，現在許多東加人已認識到這一點。前段時期有新聞媒體報導，東加國王號召他的臣民要參加體能鍛鍊，減輕體重。國王也聽從醫生的勸告，設法減輕了自己的體重。

Chapter 2

纖腰的黃金法則

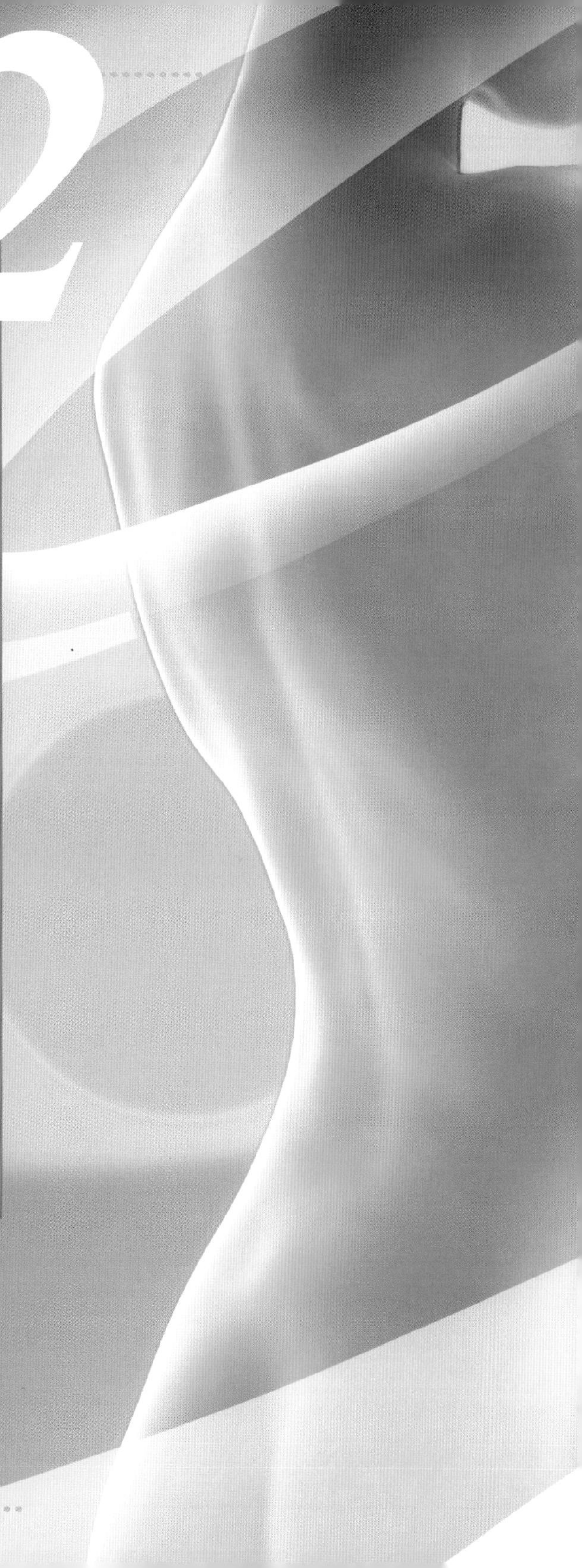

纖腰的標準

一九五九年，讓全球的女人和孩子瘋狂的芭比娃娃問世了。所有的女性都希望能擁有芭比娃娃般完美的身材：豐滿的胸部、纖細的腰肢和渾圓的臀部。而這種身材的代表人物瑪麗蓮・夢露、伊莉莎白・泰勒等，則被奉為性感女神，席捲了整整一代人的夢想。

相對於東方人將目光停留在人的臉上，西方人似乎更加注意美女的體形。齊克果說：「每個美女都是一個美的造物，又是一個美的整體。明媚的笑，淘氣的眼神，期待的目光，沉思的頭，豐盈的意志，憂悒的情緒，掠人的眉宇，疑惑的櫻唇，神祕的額頭，野趣的行為，茂盛的睫毛，起伏的胸部，豐滿的臀，小巧的腳，纖細的腰，天使的純潔，如夢的渴望，空靈的優雅，不可言語的嘆息，羞澀的謙柔。這個美女是上天唯一造成的美女，任上帝有天國，我只願擁有她。」希臘雕塑家波萊克里妥斯曾寫過一本書《規範》，專門論述人體美的比例：「以人的頭長為一個單位，身體全長應以七個頭長為最美」。文藝復興時期的達文西則對人的標準體型提出一個正方形概念：「人的身高與雙臂平伸的寬度相等，看起來像是一個正方形」。

心理學家曾做過一個有趣的實驗。他們用簡潔的線條勾畫出不同的婦女體形輪廓圖，然後讓一些男性按魅力、健康狀況和生育能力給她們打分。這些評分者年齡橫跨八歲到八十五歲，而且來自不同的國家，具有迴異的文化背景。有意思的是，腰臀比約為〇．七的體形獲得了最高分，也就是，腰圍相當於〇．七倍的臀圍。

以上實驗可以看出，儘管世界上各民族對人體的審美觀大相徑庭，但有一點非常接近，即腰圍應當是女性三圍當中最細的一圍，它的粗細直接影響著女性的曲線美、體形美。

完美的腰部應該呈圓滑曲線，自然連接胸臀。軀體之所以充滿誘惑，是由於腰的上半部分有凹點，下半部分又柔和地擴張，優美中充滿變化，極富韻律。而堆積了過多脂肪的腰部，則打破了這種美感，嚴重影響腰部的美觀。

致命的誘惑

西方一直有一種觀念，認為苗條的身材讓女人看起來更具魅力和智慧。正因為如此，西方女人在腰身上花費的精力和時間幾乎與壽命相等。

事實上，女性的腰部，不僅是風景，也是一處健康敏感區。每個月女性的生理期，就會影響到女性的腰部，除此之外，過度疲勞、穿著緊身褲子，都會對女性的腰部造成傷害。

幾乎沒有一個美女承認自己的細腰達到了理想的標準，借用一句廣告詞：「沒有最細，只有更細。」為了擁有細腰，女人們用盡了所有的方法，也帶來了可怕的後果。

十六世紀的緊身胸衣，使得女人們的細腰幾乎超出了自己所能承受的極限。在一幅漫畫中，一個年輕漂亮的女人緊緊地抓住壁爐臺，她的丈夫、侍女、廚師和馬夫都一起用力猛拉她的內衣帶子。突然，女人的腰身從中斷開，美人摔成了兩截。這不禁讓人想起了中國古代的酷刑——腰斬。苛求極端細腰造成的是嚴重的健康問題，完美身材的背後是殘忍，緊身內衣會引起永久性的肋骨畸形。許多十九世紀的漫畫裡，把穿緊身內衣的女人頭顱換成各式各樣的魔鬼。上帝造人，諸多缺憾，而承擔起修飾之職的卻是魔鬼。

殘酷的緊身胸衣被取消後，以香奈兒為代表的設計師開始向自然回歸，釋放人的自然腰身。好景不常，設計師克里斯汀．迪奧的「New Look」，以纖細的腰肢和修長筆直的美腿為焦點，成為當時潮流的新指標。在「New Look」中，女人們柔和的肩線、收縮的腰身、張開的下襬使得服裝下的身軀可以不藉助任何輔助性的服飾就能達到苗條的效果，成為當時的一大突破。

僅僅依靠外在的修飾遠遠不能達到女人們的需求，尤其是一些演藝明星。在影片《亂世佳人》中，英國美人費雯麗擁有貓般的眼睛和柔軟的腰肢，但她十分渴求肥臀纖腰，因而做了骨盆擴充手術，達到了豐臀襯出細腰的效果。在電影中，據說費雯麗換了三百多套服裝，纖細的腰部和寬大的臀部襯托出優美的S型曲線，使得她幾乎迷倒了電影中所有的男性，連銀幕前的影迷們也都如癡如醉。五〇年代的女星瑪麗蓮．夢露至今仍被尊封為影壇的「性感女神」，她的完美外型也不是完全是父母給的。據說她曾用特殊方法清除了過多的毛髮，把前額擴大，對鼻子和下巴進行修正，矯正突出的牙齒，又將她原來的淺棕色頭髮漂染成淡金色，再剔掉鼻尖上一個小肉瘤，提高額際髮線。而她的纖細腰肢則是除去兩根肋骨才達到，據說現代還有不少女明星效法。

可以這樣說，女性追求細腰的歷史，寫滿了心酸血淚。儘管這條道路如此崎嶇，卻沒有人輕言放棄。首要的原因是腰圍數預示著身體的健康。健康專家早已指出：腰圍超標者的心血管疾病危險將有明顯增加。而中國大陸的肥胖問題專家歷時九個月，對全國二十一個省市自治區的三十萬成年人的腰進行測量，得出結論：腰圍的切點可以用於判斷腹部脂肪的集聚度，如果將腰圍控制在安全值之內，約可減少百分之六十的危險因素。專家同時建議，體重（公斤）除以身高（公尺）的平方所得出的體重指數，若超過二十四，即為超重。

其次，女人們追求細腰的原因還與另一半有關——男人。一般來說，男性最喜歡接觸女性兩個部位——肩和腰。有個經典的問題：「男人的手臂長等於女人的腰圍嗎？」至今沒有標準答案，因為男人和女人一旦結婚，幸福地相擁十年、二十年……男人的手臂是不會增長的，女性的腰圍卻相差很大。女人們無從探究男人們摟抱自己的感受，只好嚴格地要求自己的腰細一點、再細一點。

崇「瘦」是一種法則

《金氏世界紀錄大全》中記載著全球最細腰圍的主人是美國一位七十歲的老太太——凱西．薑恩。凱西是美國康乃狄克州老米斯特克市人，丈夫巴博是一名外科醫生，有三個孩子。凱西身高近一百七十公分，體重五十八公斤，聽起來似乎毫無奇怪之處。但是當人們見過她本人之後都會被嚇得目瞪口呆，據權威測量，目前凱西的腰圍即便在鼓足氣的狀態下也只有五十公分，而當她身穿緊身裙時，腰圍更是低至驚人的三十八公分，只有一個大號啤酒杯般粗細！凱西很為自己的細腰感到自豪，她說：「儘管我已經七十歲了，但從背影看還和妙齡少女差不多。我有時故意坐在餐廳和酒吧的高腳椅上，還真騙得不少帥哥過來跟我搭訕，但當他們發現我是個老太太後，全都嚇得差點當場暈倒。」

凱西保持「酒杯細腰」的方法很簡單，就是長期穿緊身內衣。結婚二十五年，凱西和其他主婦一樣，從沒有刻意保持自己的身材。當有一天，四十五歲的凱西突然從鏡子裡發現自己臃腫的身材，腰粗如水桶，於是她痛下決心，一定要讓自己重新變得「性感與高雅」。從此以後，她制訂嚴格的計畫，堅持每天都穿緊身內衣束緊腰部，連睡覺時都不例外。二十五年後，她終於擁有了三十八公分大小的細腰。儘管凱西的腰細得離譜，但這卻未給她造成任何疾病等不良後果。凱西稱，為保持身體健康，她的食譜很普通，平時也跟正常人一樣大塊吃肉，以補充身體所需蛋白質。凱西雖然束腰多年，但幾乎沒有造成任何身體傷害。

追溯細腰風的源頭，始作俑者即是模特兒行業。因為模特兒的誕生，潮流的風向指標變得明晰而確定。打開電視、翻開雜誌，映入眼簾的都是纖瘦骨感的女人，服裝的設計也以她們為關注焦點。當有一天，妳逛遍了整條大街，找不到一件適合的服裝，還得忍受店員的白眼和恥笑，這時妳不得不重新定位自己：我是胖子嗎？這就是時尚的面目，無論妳是否追求，妳都不得不面對自己已經籠罩在時尚氣息裡的事實，妳以為還有得選擇嗎？

曾近距離地看過國際影星鞏俐，原本在電影上看她挺豐滿的，尤其是電影《滿城盡帶黃金甲》給觀眾們留下的印象太深刻了。可是在現實生活中，她根本不像電影中那般圓潤。據說，影像上的人物往往要比現實生活中大一．五倍。那也就意味著從電視上看起來比較正常的人，在現實生活中往往要減小

○．五倍，聽起來就覺得恐怖。明星們做為潮流的另一領軍人物，在以瘦為時尚風向球的今天，無疑起著推波助瀾的作用。

中國古代有個語詞形容女性之美——「珠圓玉潤」，在今天如果被用在某個女人身上，估計換來的絕對是白眼。常常有時尚媒體放言：明年以豐滿為美。然而，當胖美人們奔相走告：我們終於揚眉吐氣了。但很快她們就從現實的打擊中清醒過來了：原來，所謂的豐滿不過是指豐胸或者翹臀，而骨感的臉蛋、纖細的腰肢卻沒有絲毫的改變。

有種說法：「減肥是一種生活態度。」更時尚的說法則是：「瘦身是一種生活態度。」一個不瘦身的女人顯然沒有擁有正確的、良好的生活態度。瘦身成為一種生活方式，滲透到了每個人的生活中。時尚大帝卡爾．拉格斐更是語出驚人：「目前的時尚界是不需要胖子的。」難怪連七十歲的老太太都不得不追求極致細腰。當「瘦」已經深入世人骨髓裡去，那麼妳記住，它就是法則！

「腰精」祕笈

想要當合格的「腰精」，首先要知道以下幾點：

1、瞭解自己的體型

優美的體型是腰臀呈一定的比例，雙腰弧線優美，過胖和過瘦都會缺少美感，不能稱為真正的「腰精」。常見的體型有以下幾種：

標準型

一般來說，女性的肌肉佔體重的百分之三十五．八，脂肪佔體重的百分之二十八．二，而標準型的體重及脂肪都合乎標準。但是，標準體型隨著年齡的增長及飲食變化而發生改變，同時，環境的變化或者作息時間的改變也會影響標準的體型。因此，一旦擁有標準的體型，請注意保持良好的飲食習慣，並經常做運動，才能保持標準體型。

健美型

健而美體型的人，往往擁有彈性纖腰和完美的胸部。此類體型擁有標準的體重和較少的體脂肪，看起來活力十足。這類型的人通常為運動一族，繼續保持做運動的習慣，能夠長期維持讓人羨慕的身材。

過瘦型

儘管過瘦型在現在這個以「瘦」為美的時代，常常能吸引到不少豔羨的目光，但卻很難吸引異性的目光。通常，過瘦型的人體重低於標準體重達百分之十以上，而且體脂肪量不足。由於身體缺少適當的脂肪量，也為身體的疾患埋下了一定的陰影，例如營養不良，甚至影響生育。有些過瘦型的人全身上下呈一條直線，更談不上優美的腰線。此類人群應注意營養的均衡，並加強運動以增強體力。

瘦肥型

這類體型表面上看起來比較「肉」，但是體重偏輕，即是體重低於標準百分之十以上，但體脂肪量高。由於體重偏輕，所以不適宜減肥，反而應該適當補充蛋白質，均衡地攝取營養。減少脂肪量，露出纖腰可以從減少高脂肪與甜食、加強運動兩個方面入手。

微胖型

這是比較典型的現代人的體型。許多人由於長期坐在辦公裡，每天的工作都面對著電腦，長期的缺乏運動，造成身體尤其是腰部堆積了過多的贅肉。最有效的改善方案是，盡可能的減少熱量的吸收，同時加強脂肪燃燒的運動。

肥胖型

一般體重高於標準百分之十以上，體脂肪量較高的，都可以稱為肥胖型。此類體型一般與標準體型的差距比較大，需要進行合理的調整，否則可能會有一些疾病方面的隱憂。建議在專家的指導下飲食，而且最好加強運動，每週至少固定三次，每次至少要運動三十分鐘以上。

肌肉型

體重超過標準，但體脂肪少，是典型的運動員。此類人群最好繼續維持固定的運動，避免長時間不運動，一旦停止運動，就有可能造成脂肪堆積。

2、瞭解自己的行為

古語云：「坐如鐘、站如松、行如風。」良好的行為是身體健康、保持優美身材的前提。一個人的坐姿、站姿及飲食習慣，是保持其良好體型的前提。所謂「滴水穿石」，日積月累錯誤的行為習慣，對我們身材所造成的傷害是巨大的。因此，保持良好的生活習慣是打造腰精的前提。

良好的坐姿

保持良好的坐姿需要掌握幾個要點，首先是坐時要坐在椅子的三分之二處，坐得太少，力量主要集中在臀部上，容易累。坐得太滿，容易給人傲慢的感覺，而且由於坐得比較舒適，脊背很自然地彎曲起來後，長期受力會造成身體的畸形。然後，挺直腰背，將力量均勻地分攤給臀部和大腿，盡量合併雙腿，否則會影響骨盆形狀。小竅門：坐著的時候踮起腳尖，不僅能使人的精神高度集中，也能修補臀部線條。儘管交叉雙腿坐是很普遍的坐姿，但是長期如此很容易妨礙血液正常運行，影響身體健康。

良好的站姿

站立的時候，挺胸收腹、脊背挺直。當妳做好這一切後，就會立刻變得精神十足。此時，嘗試肛門收縮的動作，可以收縮臀部肌肉。長時間的站立會使腿部血液循環不暢，造成小腿浮腫，不時動一下，做做後抬腿的動作，腿部浮腫的情況會得到改善。

這裡有個小訣竅：腿向後抬起使小腿和大腿呈九十度角，有強力修飾腿部和臀部的作用。

良好的作息時間

我們的身體裡有一個生理時鐘，遵守相對嚴格的作息時間，能夠幫助我們的身體正常的運作。人體是一個小磁場，當小磁場與地球大磁場相互協調時，身體就會越變越好、越來越健康。古人講究「日出而作、日落而息」即是這個意思。據統計，百分之九十以上的現代人都存在亞健康狀態，很大一部分原因就是「晚睡晚起」造成的。

良好的運動習慣

生命在於運動，保持運動的良好習慣可以延續我們的生命。每週保持三天的運動，每次運動在三十分鐘以上，就可以使我們的生活品質得到提高。

良好的飲食習慣

老子說：「五味令人口爽。」意思是過多的味道讓人的口味變得麻木，不能辨別食物的味道。現代人為了追求美味，在食物中添加了過多的油、鹽及調味料，遮蓋了食物本身的味道，也攝取了很多垃圾。良好的飲食習慣應該是低鹽高纖、油少、調味料少的食物。

3、瞭解自己的態度

正如「一口吃不成一個胖子」一樣，想在短時間內立刻瘦下來，也絕非易事。在進行瘦腰之前，首先要樹立正確的態度。我們身邊有這樣一群人，每天都能聽到她們在喊「我太胖了，我要減肥」，或是「我的腰太粗了」，但一年、兩年、十年……後，她們依然頑固地維持著現在的體型，沒有絲毫改變。

有的人雖然從心理上準備好了，但是行動上卻總是慢半拍。看到雜誌、電視上明星們魔鬼般的身材，豔羨不已，下定決心減肥，卻又由於諸如朋友聚會之類的理由而延遲行動。

有些人雖然減過肥，而且曾經減肥成功，但是一不注意又復胖回來。她們熱衷於研究減肥方法和熱量的計算方法，但是很難長期用在自己的身上。由於失敗過太多次，所以對於能否達到理想的目標連她們自己也不能肯定了，更不用說長期堅持下去。

有些人好不容易達到了理想體重，而好光景卻無法維持三個月。或者是自認為已經瘦下來了，就開始放縱自己，暴飲暴食，最後肥肉又原封不動地回到自己的身上。

以上都是一些常見的錯誤態度，也是瘦腰路上的障礙。在開始瘦腰之前，請記住以下小提醒。

Tips：

1、妳相信細腰會讓自己看起來更有魅力，但同時也請妳堅信它能幫助妳盡快結束單身、找到工作以及邀約不斷。

2、瘦腰不是一蹴而就的，用了多少年的時間使我們的腰成為水桶，也就需要多少年使我們的腰回復原狀。

3、不要以犧牲自己的身體為代價，不要挑戰自己的生理和心理底線。超出了自己能承受的範圍，短時間內可能會忍受，但時間一長，就會很容易放棄。

4、瘦腰是一種生活態度，片面強調飲食而忽略運動，只會使細腰成為曇花一現。

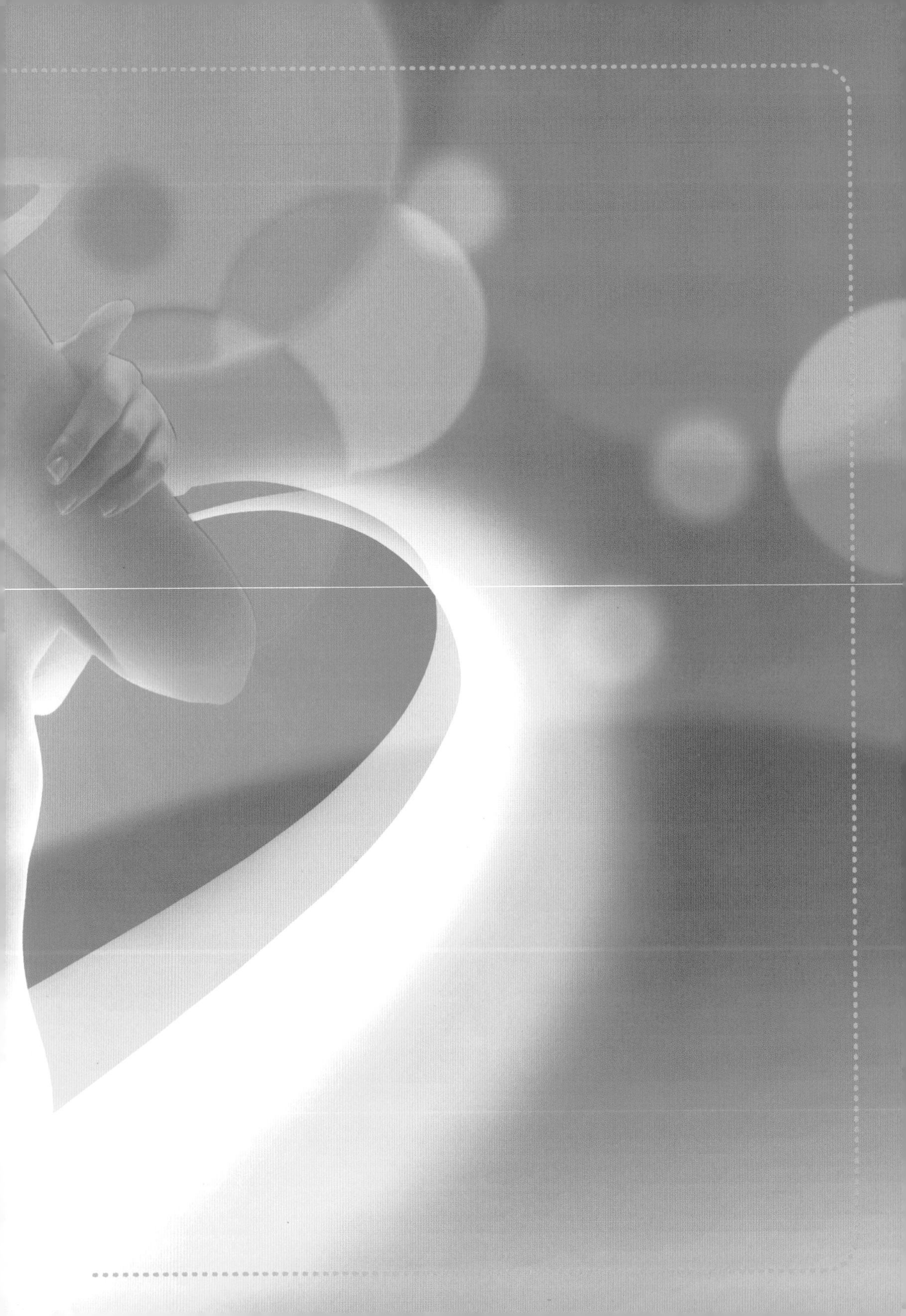

Chapter 3

「裝」出來的小腰精

穿出纖細腰身

雲想衣裳花想容，世上沒有不喜歡漂亮衣服的女人，但並不是每件衣服都適合自己，恰當的服飾選擇能夠達到修身的效果，使妳能夠吸引到更多的目光。只要按照以下方法，每個人都會立刻擁有「細腰」。

世界上不存在完美的身材，除非人工打造，每個人的身材都存在或多或少的一些缺點，面對缺點，我們可以採取有效的措施將其從我們的視線中抹掉。一般來說，利用衣飾修身主要有三原則：

1. 認清並充分展示自己的優點。
2. 盡可能地遮蓋自己的缺點。
3. 利用衣飾調整自己的比例。

假如妳擁有一雙筆直富有美感的腿，選擇修身且富有特色的褲子能恰到好處地將人們的視線下移，進而忽略了妳的腰部。而粗腰的女性可以選擇A形的服裝，利用散襬的設計遮蓋沒有腰身的情況。A形的服裝，由於下襬用料較多，因此擁有良好的懸垂性，從肩部自然垂下，能夠呈現可愛的線條。再利用較修身的褲子延長肩部垂下的線條，整個身體立刻被拉長了，巧妙地將粗腰藏在拉長的線條中。服裝設計師都知道，只要掌握了人體的比例，就可以表現出各式各樣的形態。人體各個部位之間存在著微妙的比例關係，利用這些關係，人可以呈現出各種狀態。下面就一些具體的體型來談談如何修正自己的身材，打造纖纖細腰。

蘋果形

這類體型雙肩明顯寬於臀部，體型上寬下窄，形狀酷似蘋果。

穿衣紅綠燈：造型重點在收縮上身，擴張下身，上下比例協調了，腰線自然也就顯露出來了。顏色上適宜採用上深下淺。上裝盡量避免過多的裝飾，如誇張的領形、誇張的墊肩、大荷葉邊、泡泡袖等。下裝適宜用醒目的格紋、條紋或者有特色的材質，鬱金香裙子是最完美的選擇，選擇牛仔褲則應選擇口袋靠近臀部的設計。

梨形

這類體型上身瘦小，腹部、臀部比例較大，下半身感覺沉重，形狀就像梨。

穿衣紅綠燈：造型重點在於盡可能地讓人視線上移，將焦點放在較瘦的上腰線處。上裝可以採用適中的墊肩或者一字領加寬肩部視覺效果，用誇張的領形或採用項鍊將視線吸引到肩部以上。避免穿著蝙蝠袖和露肩等使上身顯得更窄的服裝。選擇較長的上衣，能夠蓋住臀部。但注意衣長千萬不要位於臀圍線，否則會強調較寬的臀部，看起來更胖。

葫蘆形

三圍明顯，身材就像葫蘆，胸部、臀部豐滿，腰部纖細，十分性感。這類身材屬於較有魅力的身材，但是不好的搭配會顯得非常俗氣。

穿衣紅綠燈：造型重點在於強調纖腰，注意上下平衡。避免寬鬆的上衣，會因為胸大、臀大而使得身體像個桶子，掩蓋了纖腰的優點。合體修身的服裝能讓妳看起來性感迷

人。由於腰部纖細，可以在腰部加上一些裝飾，但是應該避免選擇粗腰帶。

球形

這類體型三圍尺寸差不多，但是身體呈圓形，沒有明顯的曲線。

穿衣紅綠燈：造型重點在於淡化圓形，盡可能遠離與圓有關的任何裝飾，如圓形圖案、圓領等。此類體型很難塑造纖腰的外觀，可以利用服裝的圖案、直線條等營造出瘦的外觀。避免穿著過緊或者過於寬鬆的服裝，盡量選擇好的材質，良好的懸垂性會使人看起來高雅。適宜V形領、長項鍊、前開襟等直線條的裝飾，可以淡化圓潤的身材。可以用項鍊、絲巾、耳環等裝飾將人的視線上移。

直線形

這類體型三圍尺寸都差不多，身體扁平，沒有明顯的曲線。

穿衣紅綠燈：此類體型是目前比較流行的體型，歌手孫燕姿就是

典型代表。造型的重點在淡化直線條，打造出腰部的輪廓。腰部避免使用華麗的腰帶和繁瑣的腰部設計，否則會使得腰部顯得臃腫。實際上，將腰帶略微下移，放在臀部上，纖腰立刻就出現了。避免選擇過於緊身或是過於寬鬆的服裝，適宜選擇直線剪裁但不緊身的款式，可以淡化曲線不明顯的身材。下身選擇蓬蓬裙，可愛十足，選擇臀部誇張的錐形褲，立刻變得時尚起來。

總而言之，無論是何種身材，都能夠透過服飾的選擇、搭配來營造細腰的感覺。

永久經典的黑色

深顏色從外觀上給人收縮的感覺，相同面積的深色方塊和淺色方塊放在一起，所有人都會產生這樣的錯覺：深色看起來面積較小。黑色則是最深的顏色，其收身效果毋庸置疑。如果妳的身材偏胖、腰身較粗，採用黑色的服裝能起到顯著的瘦身效果。俗語說：「要想俏，一身皂。」「皂」指的就是黑色，意思是穿著黑色的服裝能夠讓人看起來端莊、漂亮。

在《第凡內早餐》中，奧黛麗．赫本身穿黑色的服裝，皮膚潔白無瑕，眼睛被襯托得晶瑩剔透，至今都是電影史上無法超越的經典形象之一。黑色的魅力可見一斑。

有本很有意思的書，叫做《Why Do Architects Wear Black？》。作者發現許多的建築師都很喜歡穿黑色的服裝，於是他調查了上百位世界各國有名的建築師，請他們說出自己穿黑色的理由。

設計師們的答案五花八門、妙趣橫生。有的說因為黑色簡單，不需要動腦去想，而且看起來比較瘦，顯得有精神；有的說穿著黑色能夠讓自

己在世界中消失；有個日本建築師的回答最妙，他說我也覺得奇怪，為什麼我們這行都穿黑色呢？本來今天我打算穿比較亮一點的顏色，但是不知道為什麼？我還是很意外的穿成了黑色，真是太悲慘了。

或許建築師們的心都停留在建築的構造上，忽視了對自身服裝色彩的關注，可是服裝設計師們對黑色的偏愛就有點耐人尋味了。時尚大帝卡爾．拉格斐，是Fendi、Channel等著名品牌的首席設計師。有意思的是，拉格斐設計了許多讓女人瘋狂的服裝，本人卻喜歡以黑色出鏡。拉格斐在影片《時尚大帝》中，十根指頭全戴上了閃閃發光的戒指，卻全程穿著黑色的服裝，戴著酷酷的黑色墨鏡，酷勁十足。拉格斐曾經是個自暴自棄的大胖子，為了能夠穿上吸血鬼風格的Dior Homme男裝，他竟然在十三個月內減重四十二公斤，重新躋身於時尚圈，並被評為「世界最優雅的成功男士」第一名。或許是曾承受到體重的困擾，瘦身成功的拉格斐仍長期保持著對黑色的偏好。

但是，如果從頭到腳都用黑色，那麼，給人的感覺就不是「俏」了，而是壓抑。儘管黑色被稱為經典色，但是也要講究巧妙的搭配，否則很容易給人造成刻板、拘謹的印象。

首先，穿著黑色服裝時，最忌諱全身都是黑色。最好的方法是採用其他顏色的配件來緩和單調感。例如，在平時，搭配金黃色的圍巾或者金光閃閃的項鍊都有很好的緩衝作用，顯得高貴。除此之

外，鮮豔的紅色、藍色都可以與黑色取得很好的搭配效果。把握的原則是搭配的顏色必須很正，千萬不要採用中間色，比如粉藍、灰色、淡紅色等，那樣會失去黑色原有的優雅感，而變得俗不可耐。

第二，黑色有很強的季節性，秋冬季適合穿著黑色的服裝，而如果春夏季繼續選擇黑色，則會產生很沉悶的效果，影響觀者的心情。因此，選擇黑色的服飾要因時而變。關於這一點，我們會在下一章進行詳細的介紹。

第三，黑色造型的重點在於外型輪廓，強調人的個性。在選擇材質時，如果選擇很軟、柔和的材質，軟綿綿地貼在身上，會顯得穿著者非常沒有個性。目前在市面上，許多針織的黑色服裝過於柔軟，如果不是身材一級棒，請不要輕易選擇。如果非常想穿，盡量選擇不是純黑的，或者造型獨特的。

最後，在穿著黑色服裝時，最好化個妝，防止黑色吸收掉所有的光彩，致使整個人黯淡無神。化妝時，盡量避免粉色調，以免顯得不倫不類。立體、明亮感的妝容能夠從一堆黑色中突圍而出，氣色也會變得精神十足。對於體型偏胖的人，黑色是最好的選擇，但是黑色特有的沉靜、內斂也會淹沒人的個性。因此，如何從一堆黑色中凸顯自己的個性，是穿著黑色服裝首先考慮的問題。

魅力「色」女人

色彩是人類必不可少的知覺對象，每天一睜開眼睛，我們就開始接觸到各式各樣的顏色。世界也賦予了人類這種辨別色彩的能力，使得我們的生活變得五彩斑斕。女人天生就對色彩很敏銳，熱衷於用各種色彩來裝扮自己，因此，認識並瞭解色彩是首要任務。

色彩的三種基本屬性是色相、明度和純度。色相是區分不同色彩的主要特徵，如紅色、藍色、黃色等。明度又稱鮮明度，指的是色彩的明暗程度，各種色彩都存在著明暗狀態。一般而言，色彩越淺，明度就越高，色彩越深，明度就越低。純度簡單來說，指的是顏色的飽和度。從色彩的純度區分，可以分為清色調、濁色調。

不同的色彩能給人不同的感覺，比如橘紅色能讓人聯想到太陽、火爐，給人溫暖的感覺；藍色則會讓人想到海洋，有清涼之感；黑色、棕色能讓人感覺沉靜、肅穆等。色彩所造成的不同

的感覺與色相、明度、彩度都有一定的關係。

在服裝上，如何玩轉色彩，是一個大課題。事實上，許多我們曾經奉為寶典的配色原則，隨著時代的發展都發生了巨大的變化。例如，有句話叫做「紅配綠，狗臭屁」，紅色與綠色相配可以稱得上是絕對的禁忌。但是，在日本偶像劇《長假》中，女主角身穿紅色的上衣，綠色的褲子，卻時尚感十足。再比如，粉色長期以來一直是男生的禁區，現在卻成了時尚男士的自由領地。因此，對於色彩，我們要先有一定的認識，把握一些基本的原則，但是也不能墨守成規，有時候打破傳統也能取得不錯的效果。

人的體型有高、矮、胖、瘦之別，透過服飾色彩的調節，能夠揚長避短。一般來說，明度高的色彩，如紅、黃色等有擴張感，適合較瘦的體型，而黑色、深綠色等有收縮感，適合較胖的體型。有了這個基本的認識之後，我們還要根據自己的膚色來選擇適合的服裝。在服飾色彩的選擇上，一般要以膚色的明度變化為主調，以色彩的色相、純度及材質的肌理、外觀等為副色，構成整體效果。

中國人的膚色以黃色為底色，有的人比較白皙，有的人比較黑。皮膚白皙的人適合任意色彩的服裝，但明度特別高的服裝有時候反而使身體失去了原有的曲線；皮膚較黑者應盡量選擇與膚色明度有差別的色彩比較好。在非洲，人們喜歡穿著鮮豔的橙色，明亮的顏色不僅不會使得原有的黑色失去光彩，反而顯得精神奕奕。選擇適合自己的服裝色彩，最簡單的辦法是將各種不同色彩的材質放在臉下，看鏡子中的對比效果。注意目光應停留在臉上，不要淹沒在色彩斑斕的材質中，才能更好地把握屬於自己的色彩。

常見的色彩搭配有單色搭配、雙色搭配和多色搭配三種。職業女性常用單色搭配的方式，給人成熟、穩重的感覺。單色搭配除了對單一色彩的審美之外，還強調材質的肌理和質感。單色搭配最忌諱從頭到腳採用相同色相、相同明度和相同純度的顏色，無彩色例外。無彩色是以黑白灰組成的色系。黑色特有的神祕和高貴感配上明亮的裝束，能表現出特有的風度和氣質；白色有純潔的涵義，最適合純情浪漫的少女穿著；灰色則是城市的色彩，能彰顯都市女性的優雅。這三種顏色可以採用單一色調，配上精緻或浪漫的小裝飾。而有彩色在搭配時，則要根據不同的材質特色，或者利用色彩不同的明度或純度表現出一定的層次感，才不至於太單調。

雙色搭配是生活中常見的搭配，表現為上下裝採用不同的色彩來進行搭配。雙色搭配可以最大限度的調動色相、明度和純度這三種屬性的變化，來表現不同的感覺。在色相環上，我們可以看到，紅、黃、藍三色無論是明度上，還是純度上，最勢均力敵，被稱為三原色。綠色、紫色、橙色則是三原色直接混合而成的，稱為二次色，而其他的顏色則是三原色與二次色相混合而成的，稱為三次色。在色相環上，處於對角的顏色是補色，如紅色與綠色、黃色與紫色都是比對強烈的色彩。在上文我們講到，「紅配綠，狗臭屁」，實際上後面還有一句，叫做「黃配紫，不如死」。在傳統觀念中，補色搭配效果很差，然而，隨著觀念的轉變，大家慢慢意識到若運用得好，補色對比也能表現出令人驚豔的效果。遵循

的基本原則是兩個補色必須是相同的明度和純度。

在色相環上，紅、黃、橙、綠、藍，色彩由暖向冷過渡，我們可以利用冷暖對比，來展現苗條的身姿。暖色有膨脹、熱情之感，而冷色有冷靜、收縮之感，我們利用這一屬性來收縮身上多餘的部位或者不想引人注意的部位，能取得很好的效果。

最後是多色搭配，這種搭配比較冒險，在現實生活中也比較少見，運用得不好會給人眼花撩亂之感。事實上，多色搭配的關鍵在於抓住主色調，設置一個最大面積的大色塊，然後配置小面積的輔助色、點綴色等，這樣既突出了重點，又顯得豐富多彩。注意小面積的輔助色從面積上應該遠遠低於主色調，就像大海中的小浪花，變化多端卻不能改變大海的深沉。一般來說，多色搭配最好不要超過三種顏色。

越來越多的女性都希望用個性化的服裝色彩，展現自己獨特的個性魅力。然而，變化頻繁的流行色並不是每個人都適用，瞭解自己的體型、膚色及穿著場合，選用正確的色彩，才能穿出整體的美感。

旗袍的誘惑

旗袍原本是清朝旗人的衣服，採用的是中國傳統的直線剪裁法，胸、腰、臀在一條線上，毫無誘惑可言。然而，隨著旗袍的發展演變，領、袖、邊等出現繁複的變化，出現了側開衩，而且時高時低，女人的風情便一點點展露出來。

二十世紀初，民國結束了幾千年的封建統治，做為封建統治者的最後代表，滿族服飾卻被保留下來了。為了充分展現女性的曼妙身姿，直線型的腰線被玲瓏有致的曲線所取代，在下襬開衩以免影響人的行走。到了三、四〇年代，可以說是旗袍的黃金時代，成為中國女裝的典型代表。今天，

被許多西方人稱為Chinese dress的旗袍，實際上正是指那個時期的旗袍。

做為中國最有代表性的服裝，旗袍能夠最大限度的遮蓋東方人的缺陷。胸部不夠豐滿，可以穿著開襟的寬鬆裙，能夠遮掩平胸；小腿比較短，可以提高腰臀線，用長寬的下襬遮住小腿；身材比較嬌小，則可以製作精緻的短裙，露出長腿，拉長線條……由於旗袍這種巨大的可塑性，自其問世以來，一直受到女性的青睞。到了八〇年代，出現了一種具有職業象徵意義的「制服旗袍」，常見於禮儀小姐及餐廳女性服務員。這種旗袍千篇一律，製作粗糙，完全失去了旗袍原有的優雅誘惑感。也正是如此，許多愛美人士也開始對旗袍望而卻步。近些年來，隨著西方對中國旗袍的讚譽聲不斷，還有不少設計大師以旗袍為靈感，推出了有國際風味的旗袍，甚至是中國旗袍與歐洲晚禮服的結合產物。

在旗袍的發展歷史上，不得不提的女人有三個。第一個是酷愛旗袍，一生擁有無數件收藏的宋美齡。宋美齡擁有的旗袍件數，估計至今沒有人能夠超越。據說宋美齡有一個專門幫她製作旗袍的裁縫師傅，叫做張瑞香。張瑞香非常勤奮，他每天都在不停地趕工，為宋美齡製作旗袍，大約每兩、三天就可以做好一件旗袍。一年間除了除夕那天休息之外，張瑞香其他時間都在做衣服，而且只為宋美齡做。按照這個時間計算，宋美齡所擁有的旗袍數量，可見一斑。

宋美齡喜歡旗袍有兩個原因：一是她酷愛中國傳統文化，二便是基於旗袍本身特有的魅力。宋美齡身材苗條，穿著旗袍總是顯得風姿綽約。至今我們看到宋美齡的照片，全都穿著旗袍，即使在她步入百歲之齡，依然與旗袍為伴。

第二個女人是張愛玲。張愛玲不僅自己喜歡穿旗袍，而且也喜歡讓她筆下的人物穿著旗袍。在《傾城之戀》中，白流蘇就是穿著一件月白蟬翼紗旗袍搶走了妹妹的相親對象。書中有一段描寫，寫白流蘇回來之後，「床架上掛著她脫下來的月白蟬翼紗旗袍。她一傾身坐在地上，摟住了長袍的膝部，鄭重地把臉偎在上面。蚊香的綠煙一蓬一蓬浮上來，直燻到她腦子裡去。她的眼睛裡，眼淚閃著光。」從「鄭重」二字就可以看出白流蘇之用心。在《傾城之戀》中，張愛玲還藉范柳原表達對旗袍的感受，他和流蘇在對話時說：「我不能想像妳穿著旗袍在森林裡跑。……不過我也不能想像妳不穿著旗袍。……我第一次看見妳，就覺得妳不應當光著膀子穿這種時髦的長背心，不過妳也不應當穿西裝。滿洲的旗裝，也許倒合適一點，可是線條又太硬。……妳有許多小動作，有一種羅曼蒂克的氣氛，很像唱京戲。」在張愛玲的筆下，旗袍的含蓄、浪漫被表現得淋漓盡致。

第三個女人就是張曼玉，其實她與旗袍的關係與張愛玲也有關。正是張曼玉在《花樣年華》的精彩演繹，使得旗袍再度流行起來。在劇中，張曼玉換了數十套旗袍，當她行走在幽暗的巷中，昏黃的燈照下，完美的身體曲線影影綽綽，訴不盡的哀怨，惹人憐愛。

旗袍最能體現女性的形體之美，尤其是這種著裝帶來的腰身纖細曼妙的效果。我們不妨也為自己的衣櫥裡添置一件旗袍，選購時，首先要準確瞭解自己的「三圍」，再加上一定的放鬆量，不能太鬆，也不能太緊。可以用包邊、裝飾等修飾手法盡量突出女性的優勢部位。

為了與旗袍相配，妝容與髮型也要突出古典的特色。眉型以柳葉眉為主，唇形飽滿，腮紅多採用斜向上的刷法，以提升臉部的立體感。髮型以中式古典盤髮和髮髻為主，能夠表現女人古典的優雅美。

牛仔褲也能穿出性感

流行百年的牛仔褲，不僅沒有隨著時間的流逝被淘汰，反而不斷推陳出新，越來越經典。牛仔褲已經成為一種文化、一種精神。

最早的牛仔是那些來美洲居住的歐洲人後裔，而牛仔的英文「Cowboy」這個單字實際上來自於西班牙語。在當時，許多殖民者是為了躲避政治或宗教迫害而不得已來到美洲，所以，那時的牛仔實際上過著非常苦的日子。但是，西班牙人是個例外，他們大多是貴族，極富冒險精神，他們將「I Can」的精髓融入到「America Can」中。這些西班牙人所代表的精神後來被傳承下來，成為牛仔精神的核心思想。

牛仔褲的出現，則是來自於一個小創意。一八三五年，加利福尼亞州流行淘金熱，繁重的勞動加劇了褲子的磨損，一個名叫Levis Strauss的商人萌生了用帆布製作工作褲的想法。這種工作褲有很強的實用性，口袋很多，方便裝工具和淘下的黃金；另一方面，為了加固，褲門襟和口袋處都採用結實的銅鈕釦。工作褲的這些標誌性元素一直保留到今天的牛仔褲上，這不能不說是個奇蹟。隨著三〇年代西部牛仔電影的風行，牛仔所代表的自由、冒險、不羈伴隨著牛仔褲傳遍了全世界。

無論貴賤、長幼、性別，都能找到牛仔褲的影子。時過境遷，誰能想得到曾經粗重的勞動褲能夠登上大雅之堂，佔據時尚之地那麼多年。女性最早穿著牛仔褲時，是為了強調男女平等，代表著女性的解放。然而，牛仔褲不僅沒有掩蓋女性的身體曲線，反而發揮其超強的彈性特性，完美勾勒出女性的纖腰肥臀，更突出了女性的特徵。可以說，牛仔褲是最能展現女性細腰、表現女性性感的服裝之一。

牛仔褲最常見的顏色是藍色，此外還有黑、白等其他色彩，現在更出現了橙色、紅色等色彩。牛仔褲的材質也發生了很大的變化，款式更是多種多樣。正是由於牛仔褲本身的多變性，使得它的應用範圍非常廣。據統計，歐洲有百分之五十的人在公共場所穿著牛仔褲，「時尚之都」的法國也有百分之四十二的人喜歡穿著牛仔褲，而美國幾乎每個人都有個五件到十件。在亞洲，牛仔褲的消費比例也在日益增加，許多時尚人士以喜歡並會穿牛仔褲為榮。

牛仔褲的選擇，重點在於質地、款式和裝飾。只要選對了，每個人都是性感迷人的小腰精。牛仔褲一般以帆布為底布，經過石磨、褪色、水洗、挖洞、繡花等多種工藝，以「破壞」和「否定」來創造新的理念。下半身比較苗條的人，可以盡可能用多一點裝飾來轉移視線，譬如將浪漫的荷葉邊、柔美的蕾絲、皺摺等裝飾都融進牛仔褲的風格中，增加牛仔褲的空間感和立體效果，使牛仔褲呈現出前所未有的柔美動人。但是切記，裝飾並不是越多越好。下半身比較胖的人最好不要選擇磨得不自然的褲子，會拉寬腿部線條，而腿兩邊像腿中間恰當的色彩過渡則能壓縮腿，顯得苗條。用不同材質拼接成的效果則是近年來的時尚，不同的材質，能將柔美融入牛仔褲的粗獷中，別有一番風味。

牛仔褲的款式千變萬化，直筒、小喇叭、鉛筆、八分……。直筒剪裁的牛仔褲是最經典的款式，流行了幾百年，貼身直筒牛仔褲將無拘無束、狂野的西部牛仔性格表現得淋漓盡致。菸管褲則是近年來興起的新樣式，在直筒的基礎上收小褲管，呈現出鉛筆一樣筆直的外觀效果。菸管褲的顯瘦效果非常驚人，可以包裹出穿著者的腿部線條，上面搭配比較寬鬆的服裝，能夠掩蓋一些缺陷，同時給人美好的想像空間。低腰型牛仔褲的設計最能展現女性的細腰，既免除擠壓腰部的贅肉，也能拉長下半身，使腰身更顯纖細。立體剪裁又營造出另類的性感，使低腰的界限再次降低。有的牛仔褲甚至低至胯骨，露出內褲的邊線，感覺更性感。

恰當的裝飾也能夠「消除」腰間贅肉，展現出纖細動人。腰帶或者腰封能夠給牛仔褲注入不同的性格，如流蘇式的能夠增加波西米亞風情、寬寬的裝飾感極強的腰帶能夠讓平凡的裝束變得酷勁十足。腰身較粗的女孩子，可以適當往下調整腰帶，增加腰的長度。

菸管褲造型

選擇牛仔褲，也要注意搭配。牛仔褲可以營造出柔美、優雅、嬉皮或頹廢等截然不同的風格。除了牛仔褲本身的設計外，配件也功不可沒。比如，牛仔褲與T恤、運動鞋搭配，顯得青春靚麗；牛仔褲上項鍊和高跟鞋，優雅十足；破破的牛仔褲搭配寬鬆上裝、金黃色的頭髮，立刻成為流行的嘻哈一族……

套裙纖腰展柔美

襦裙是中國服裝史上最基本的服裝形制之一，一般由上衣加長裙組合而成，發展到今天，類似於套裙。

襦裙是祖先留給我們的最能展現女性婀娜多姿的服飾形態之一，在中國長達幾千年的封建社會中，一直是女性的主要著裝形式。一直到清朝末期，形式才發生了較大的變化。

古人在穿著襦裙時，上衣一般比較窄小，而裙子則長至曳地，下半身的線條被拉長後，人顯得格外纖細高挑。穿著時，上襦通常紮在裙裡，腰帶繫在裙腰與長裙之間，從側面看起來，正好是S形。同時，在腰間部位往往會增加一些長長的宮絛、絲帶等，直線條的裝飾更能體現玲瓏有致的腰身。中國國畫家最喜歡畫女性的側面像或者回眸像，原因也在於此。

襦裙發展到後期，出現了長襦、中襦、短襦，有的上衣仍然紮在裙裡，有的則放在裙外。實際上，我們今天所穿著的上衣下裙就是從襦裙發展而來的。連身裙一般適合那些原本腰身就很纖細的女性，穿上後，腰身更顯纖細；而對腰身比較粗的女性來講，上衣下裙式無疑是最好的選擇。

大部分女性職業裝都以套裙為主，主要原因就在於它適用面廣，而且簡潔大方。尤其是商界和政界的女性，更是以套裙為日常服裝。做為一種職業服裝，套裙承擔的責任往往不僅僅是美觀。因此，在選擇服裝上，一般以端莊、大方為基本原則，同時注重服裝本身的品質。經由和諧、悅目的色彩和套裝的細節來傳達自己的理念，進而塑造女性自身優雅的形象。

職業套裙往往有一些基本的款式要求：

- 上衣必須有領子或者用絲巾代替領子。穿著西服套裝時，選擇開至腰線附近的西裝領，在視覺上形成倒三角，有收腰的效果。
- 必須有袖子，即使是炎熱的夏天，半長的袖子也是必須的。
- 不適宜穿著露趾的涼鞋或者包裹腳的靴子，最好選擇淺口的鞋子。
- 盡量選擇鈕釦而不是拉鍊的上衣。

由於職業套裝的限制，往往只能從一些細節上營造細腰的感覺。比如，選擇顏色較深、腰線略微上提的服裝款式，可以避開比較臃腫的腰圍。

日常的休閒套裙的選擇面則寬廣得多，可以從色彩、款式、搭配等多方面來凸顯細腰。

從色彩上來看，本身腰就纖細的女性適合除了黑色以外的任何色彩。黑色有很強的收縮感，會使原有的細腰看起來更細，反而有一種不健康的感覺。想要掩飾粗腰的女性，則以深色服裝為佳。如果穿著的服裝材質比較厚實，則盡量選擇花紋材質，避免單一色調產生的大色塊。可以選擇直條紋的材質或者一些小花來柔和大色塊的線條，忌用大方格、橫紋的花紋。

在材質選擇上，厚薄適中的衣料最合適。太厚的材質會增加人的圍度，按照圍度的計算公式，材質每厚一公分，則會增加三．一四公分的圍度；太薄的材質也不行，一方面，它會讓妳臃腫的身材一覽無遺，另一方面，較薄的材質缺少質感，會讓沒有線條的身材變得更沒有線條。在款式選擇上，貼身的毛線上衣或針織裙子都是禁忌。下襬較寬的裙子能夠使腰身看起來更細，長度不要太長，在小腿附近即可。但是，腰圍較粗的女性不宜穿著束腰的裙子。在穿著時，為了掩飾較圓的腰圍，可以將上襬放在裙子的外面。要注意的是，放在外面的上衣不要過於寬鬆，會形成臃腫不堪的假象。

相對來說，套裙在展現女性的柔美性上，遠不及祖先留給我們的襦裙。做為襦裙的發展形式，套裙變得更現代、更簡單化了。近幾年，時尚界開始流行中國元素，許多人提出振興中國襦裙。儘管襦裙的優美、繁瑣會給快節奏的生活和工作帶來一些麻煩，但是襦裙中所蘊含的美學完全可以應用到我們現代化的服裝中。

襯衫，永遠的棉布玫瑰

襯衫是服飾搭配中最重要的配角，它可以與披肩、絲巾、領帶搭配，展現百變風格。它可能出現在嚴肅高雅的殿堂，也可能出現在輕鬆自在的家裡，或者是慵懶愜意的海灘，所以說，每個女人的衣櫥裡一定至少要有一件襯衫。

事實上，襯衫原本是男士的服裝。在古歐洲，襯衫最早是做為男性內衣出現的。當時的上流社會，襯衫的精美程度是男性身分的一種象徵。在釦子還沒有出現之前，男士襯衫的前襟採用的是繫結的方式，同樣的方法也被應用在袖口上。這種繁瑣的穿衣方式加強了男士對襯衫的重視，十五到十七世紀時，男士們不惜破壞自己的外套，在外套上割開一條條的裂口，只為了露出裡面裝飾得非常漂亮的襯衫。直到今天，襯衫的袖口露在外面穿著仍是社交場合的一種基本禮儀，顯然很早就見到端倪了。

襯衫是最早應用於女性服飾的男裝之一。一位漂亮的女性穿上男式襯衫，繫上腰帶，或者將下襬塞進褲子裡，立刻將這種男式的服裝演繹得性感動人。正是因為如此，在早期的歐美影片中，許多叛逆的女性喜歡穿著襯衫來表示自己對傳統的反抗。時至今日，襯衫早已成了女性生命中的一部分，不同的襯衫，甚至同一件襯衫的不同穿法，都可以裝扮出甜美、帥氣或性感的新時代女性。

襯衫種類繁多，無論是在正式場合還是在休閒場合，都能看到襯衫的影子。瞭解襯衫的質地、款式及穿著方法，是現代人必備的常識。

從材質上看，襯衫最常見的為棉質、麻質和絲質三種。大多數都認為純棉襯衫是最好的，其實這是個錯誤觀念。純棉襯衫雖然穿起來很舒服，但是很容易變皺。含棉量百分之六十至七十的襯衫，則可以有效地解決這個問題，既有純棉襯衫的舒適，也不容易產生皺摺。冬天穿著的襯衫含棉量一般要在百分之五十以上，既能保暖，又有很好的透氣性；春秋兩季的襯衫含棉量隨意性比較大；夏季襯衫的含棉量則盡量在百分之四十左右，否則有很強吸汗性能的襯衫會緊貼皮膚，使人陷入尷尬的境地。

做為搭配的服飾品種，襯衫的領形非常重要，常見的襯衫領子有以下幾種：

標準領

常見於職業服裝中。在商務活動中，此種領形是最常見、普通的款式，在穿著時，需要搭配領帶。此種襯衫以素色為主，外面搭配西裝。在選擇時，要注意襯衫的剪裁應大方、合身，在洗滌後一定要熨燙，才能顯得

合身、筆挺。

敞角領

左右領子離得比較開，角度在一百二十～一百八十度左右。據說英國著名的「愛江山不愛美人」的溫莎公爵最喜歡這種領形，因此又得名「溫莎領」。與此種領形相配的領結被稱為「溫莎領結」，此種領結比較寬闊，不適合採用厚材質。

異色領

是指色彩、花紋與衣身不同的領子。通常採用白色的領子搭配條紋的或是黑色的襯衫，有時候為了呼應，袖口和衣身邊緣處都會做成白色的。這種領子形狀可以是標準領，也可以是敞角領。此類服裝在搭配時一定要注意協調，否則很難穿出襯衫本身的特色。

暗釦領

在襯衫的下級立領上縫有暗釦，穿著時領子必須扣上，整體顯得非常嚴謹。男性穿著這種領子的襯衫最好打領帶，女性則需要搭配項鍊，否則會顯得呆板。

鈕釦領

運動型，領尖以鈕釦固定於衣身，屬便裝襯衫，是所有襯衫中唯一不要求過漿的領形。這一領形多用於休閒式的襯衫上，搭配牛仔褲，顯得隨意輕鬆。材質採用一般結構的純棉織物或牛津紡，以舒適為主。但也有部分商務襯衫採用鈕釦領，目的是固定領帶，所以最好與細結絲製領帶相配合，以領帶只繞一圈的細結為佳。近年來，女性中比較流行這種打領帶的鈕釦領，使女性的柔美中多了一份男性的灑脫。

長尖領

時尚型細長略尖的領形，線條簡潔得體，外面搭配一件小西服，非常適合現代化的都市白領。

每個人都應該根據自己的領形選擇適合自己的襯衫，例如，圓型臉的人，盡量不要選擇圓形領或者鈕釦必須扣緊的款式；長型臉的人，最好選擇標準襯衫領，避免臉部輪廓被拉長；倒三角型臉的人，最不適合穿著尖領襯衫，會過於強調臉部的尖銳感；鵝蛋型臉適合各種領形的襯衫。

在選擇款式時，剪裁合身、大方的襯衫總是能為妳增添不少光彩。襯衫最大的魅力在於無論妳的身材如何，總能選擇到合適的襯衫來展現苗條的身材。襯衫特有的挺括性能夠掩飾身體上存在的問題。身材比例原本就不錯的女性，可以選擇自己喜歡的一些特殊的，甚至是前衛的設計，例如，近年來流行的胸部皺褶的設計，在美化胸部線條的同時，也縮小了腰線。身材比較臃腫的女性，可以在修身的襯衫外加上一件較為寬鬆的長外衣，拉長整體線條，領部則可以選擇亮麗的領帶和顯眼的裝飾等。最後，需要注意的是，寬鬆的襯衫只適合那些嬌小並且沒有身體曲線的女性。

秋日風衣私語

當Burberry被迫將品牌的特許生產權交給日本時，它儼然成為亞洲品牌，尤其在日本，其銷售量曾佔全世界的百分之七十五。今天，當我們再次重溫日本偶像劇《東京愛情故事》時，能看到裡面的男女清一色穿著風衣。

風衣起源於英國，其英文名稱為Trench Coat，也稱Rain Coat，中文直譯為「風雨衣」。在第一次世界大戰的時候，英國陸軍經常在雨中進行艱苦的戰鬥，而平時的服裝則無法適應這種雨中的環境。Thomas Burberry反覆的研究試驗，終於設計成功了一種可以防水的大衣。這種風衣自發明以來，就贏得了無數的讚譽。在第一次世界大戰之際，它是英國戰士的戰衣，也是英國皇家的御用品牌。隨著時代的發展，由於其越來越多的品種，成為了年輕人的新寵。

風衣，最早為男性的服裝，誕生於最能體現男子氣概的戰場。由於其特殊的材質，據說當敵機轟炸結束之後，士兵們從戰火瀰漫的戰壕裡爬出來，只需要拍打幾下，便又回復颯爽的英姿了。當女性第一次穿上這種絕對的男性服裝時，其釋放的能量讓人窒息。

GUCCI的設計師湯姆．福特曾經評價風衣：「我不認為風衣本身性感，但是，當她來敲你的門，她的風衣裡面什麼都沒穿，你覺得怎樣？那才是性感。」時尚大帝卡爾．拉格斐也說：「穿著風衣的唯一方式是裡面什麼都不穿。」風衣的魅力正是如此，不需要更多的修飾，只要選擇一件適合的風衣，然後緊緊束起腰肢，就會散發出優雅的性感。

風衣的適應範圍

也非常廣泛，Burberry的經典款式與Louis Vuitton的奢華款式同樣具有廣泛的市場。時尚圈中，足球金童貝克漢的辣妹老婆維多利亞、天后瑪丹娜等時尚名流也是風衣的擁護者。不僅如此，風衣的材質也發生了很大的變化，防水布、厚縮呢絨、棉質的都有，基本能夠滿足春、秋、冬三個季節。

現今我們能看到的風衣顏色變化萬千，其中最經典的是黑色、白色和米色三種。想要展現成熟、優雅的特質，往往只需任選其中一種顏色，搭配經典的風衣款式即可。隨著風衣色彩的日益豐富，它已經不僅僅是成熟女性的專屬，選擇一些簡單可愛的款式，搭配亮麗的色彩，也能展現如夢的青春。尤其是春天，用溫暖的色彩趕走冬天的陰霾，自己的心情也會變好。

從款式上看，風衣也開始走向年輕化。風衣的袖子不斷變短，七分袖、五分袖隨處可見。有的在袖子外增加了一個扣帶，天氣稍熱，將袖子捲扣起來變成五分袖，天氣變涼，再將袖子放下去，既實用又瀟灑。穿著五、七分袖時，最好搭配一條較寬的、顏色鮮豔的腰帶，將風衣攔腰一束，顯得獨立而又性感。除了袖子，風衣的長度範圍也越來越廣，短至臀部，長及小腿。個子比較矮的女生不要輕易選擇長款風衣，會讓自己看起來更矮。可以嘗試穿著下襬在膝蓋以上的風衣，搭配高跟靴子，顯得苗條而又高挑。

假如個子比較高，可以選擇裙裝樣式的風衣。選擇一條漆皮的、光澤度很好的皮帶，或者復古式的典雅寬腰帶，能夠幫助妳勾勒纖細的腰身。在溫暖的天氣，可以將風衣當作裙子來穿著，配靴子或者同色系的直筒褲，能展現出現代女性的嬌媚。

腰身不是很細的女性，可以選擇設計感強的風衣，比如大翻領、不對稱領等誇張而且別緻的風衣，能夠吸引人的視線上移。同時，選擇下襬向外擴張的樣式，能夠使腰身看起來更纖細。腰身較粗的女性在穿著風衣時，盡量不要選擇太寬的腰帶，或者乾脆不用腰帶，否則只會讓人將眼睛停留在腰上。

五分袖風衣。

最後，選擇風衣時，要注意選擇造型比較挺括的風衣，能夠修飾不太完美的體型。和襯衫一樣，風衣也不宜選擇純棉材質，容易起皺，含一定的化纖成分，能夠改善這一缺點，毛料也是不錯的選擇。除此之外，針織風衣也是一種不錯的嘗試，與女性的柔美相得益彰。穿著針織風衣時，可以用腰帶勾出腰線，別有一番風味。

腰身不夠細的女性穿著。

會穿，簡單T恤也有性感

一九四七年的一個晚上，美國百老匯的一家戲院裡，一個演員身著T恤出現在舞臺上時，全場都嚇呆了。這種緊身的恤衫立刻受到大眾的追捧，有人評價說，穿上它實在是「太野了」。T恤的簡潔、大方性，能夠充分展現人體的健美和青春活力，直到今天，仍是年輕人最愛的裝束。

關於T恤的起源，至今仍沒有定論。一說是十七世紀，美國馬里蘭州安納波利斯卸茶葉的碼頭工人在工作時，為了方便工作，都穿著的短袖衣服。後來人們把「Tea」（茶）縮寫成「T」，將這種服裝稱為「T-Shirt」；也有人說是十七世紀時，英國水手受命在背心上加上短袖以遮蔽腋毛，後來就發展成T恤；還有一種說法，認為T恤誕生於第一次世界大戰期間，當時美國士兵經常出沒在叢林中，夏天天氣潮溼的時候，士兵身上的毛料服裝非常不舒服，因此美國一些服裝公司專門製作了一些純棉的內衣，受到了士兵們的歡迎。後來，這種內衣被人穿在外面，成了現在的T恤。

從某種意義上講，T恤不僅僅只是一種服裝形式，更是一種文化象徵。T恤的大規模流行風潮始於二十世紀七〇年代。據說，在一九七五年，有四千八百萬件印花T恤充斥於美國大大小小的服裝市場，此後多年，這一趨勢有增無減。幽默的廣告、諷刺的惡作劇、自嘲的理想、驚世駭俗的慾望、放浪不拘的情態都可以藉助T恤來得到宣洩。有人曾諷刺地說：「如果連你的話人家尚且不樂意聽，又如何指望他們聽你的T恤話呢？」即便這樣，T恤的流行趨勢已經無可遏制的蔓延開了。

T恤的迅速傳播，與電影有很大的關係。在電影《慾望街車》中，馬龍．白蘭度身著白色的T恤，震驚整個美國。柔軟貼身的T恤賦予了男性另一種含意，原本單調、循規蹈矩的傳統男性形象被拋棄，那種把T恤撕開個裂口，露出性感前胸的野性逐漸征服了女性們的心。幾年之後，另一個明星詹姆斯．狄恩在《養子不教誰之過》中，穿著一件T恤，微微立起外套衣領，展現出無與倫比的性感。T恤成為一種反叛的標誌，年輕人紛紛仿效。從此，T恤走出了內衣的範疇，成為人們喜愛的大眾服飾。

T恤最大的特色是個性化，能夠最大限度地展現穿者的獨特氣質。即使穿著相同的T恤，由於不同的穿著或搭配方式，會給人完全不同的感受。此外，T恤上的圖案可以根據自己的喜好進行DIY，如果妳願意，甚至可以印上自己的照片，絕對獨一無二。T恤所承載的文化內容，能夠肆無忌憚地表達穿者的人生態度和社會信仰。這樣一種集時尚與個性於一體的服裝，怎能不令人愛不釋手呢？

T恤的色彩、種類非常多，每個人都可以根據自己的體型特徵和性格挑選適合自己的恤衫。

常見的T恤領形可以分為V字領、圓領、方形領、一字領、小翻領。V字領能夠使人顯得消瘦，而較豐滿的女性不適合選擇圓領的款式，那樣只會顯得更為豐滿。大大的方形領是一種比較性感的嘗試，會讓女性漂亮的鎖骨一覽無遺。

在服裝搭配上，恤衫的搭配範圍也非常廣泛。網眼狀的運動衫搭配性感熱辣的短褲，能讓普通的恤衫也變得異常性感。選擇這種搭配時，頭髮也要高高束起，顯得乾淨俐落。T恤搭配七分褲時，搭配一雙運動鞋，便可以背著旅行包遊走世界了，而搭配一雙涼鞋時，又稱為炎熱夏季裡的清涼裝束。T

恤搭配緊身牛仔褲，整個人立刻年輕好幾歲，青春活力十足。T恤與裙子的組合，又能夠展現女性輕盈活潑的一面。近年非常流行兩件T恤的搭配，再穿上一件足夠裝下兩個人的寬版褲子，頭上紮上頭巾，便是最流行的Hip-Hop穿法。

隨著越來越多的女性加入T恤大軍，T恤也開始向性感、柔媚的方向發展。T恤的材質大多柔軟、輕薄，似乎不太適合比較豐滿的女性，其實不然，只要選擇合適的款式，也能穿出纖瘦的感覺。一件性感的深V領T恤是個不錯的選擇，胸部的皺摺設計獨特新穎，長度及臀，利用T恤特有的柔軟塑造流暢的腰部線條。對於腰間有許多肉肉的女性，可以選擇設計獨特的T恤，例如領部重重疊疊的設計，下襬回收，能夠巧

深V領T恤。

網眼狀的T恤搭配性感短褲。

妙的隱藏腰間的贅肉。

對嬌小卻沒有明顯曲線的女性而言，千萬不要選擇太緊身的T恤，只會讓身體的缺陷一覽無遺。最好是選擇穿著一件寬鬆的T恤，搭配緊身菸管褲，掌握可愛特質。此外，適當地露出香肩，能夠讓原本與性感無緣的女性也變得性感十足。

T恤就是這樣漫不經心而又猝不及防地佔據了時尚陣地，並有不斷發展的趨勢。

寬鬆T恤搭配菸管褲。

女人的第二層皮膚——內衣

伴隨著女人一生的不是自己的父母，也不是親密愛人，而是內衣。在女人的成長過程中，從嬰兒時期用來包裹自己的衣物到發育階段自己挑選的內衣褲，內衣見證著女孩到女人的轉變。

內衣對女性來講，是如此的重要，但是在大多數時候，很多人都忽視了內衣的存在。隨著年齡的增長，許多女性都面臨著身材變形、走樣的尷尬，嘗試著重新審視一下自己穿著的內衣。或許，正是日復一日錯誤的穿著讓女性們的腰間多出了許多的贅肉。

我們先來瞭解一下內衣的分類。從形式上分，內衣可以分為上下分開式和連體式；從內衣的種類上分，一般可以分為以下幾種：

普通汗衫式的內衣和內褲：

這種內衣除了遮體之外幾乎沒有任何功能。在穿著時，對人體的脂肪沒

有任何束縛作用，現在早就被年輕的女性所淘汰了。

立體剪裁的胸罩和貼身的內褲：

這是現代大部分女性所選擇的內衣，選擇得當，可以幫助人體脂肪的正確生長，使身體線條更柔和、順暢。

裝飾性內衣：

比基尼、情趣內衣等，都屬於裝飾性內衣。裝飾性內衣最顯著的特徵，是誇張突出人體的性感部位，給別人造成視覺上的美感，實際上對體型的塑造毫無幫助。

束身內衣：

大多數束身內衣都是採用尼龍化纖為材質，穿著對人體有很大的束縛感，讓人喘不過氣來。儘管穿上束身內衣後，能夠立刻見到細了好

幾公分的腰身，但是這種內衣有可能會對身體健康造成危害。

一百多年前，法國的嘉杜娜夫人改良了第一件胸罩開始，「內衣」就成為了女性的第二層肌膚，精心的呵護女性的第一層肌膚。選擇了適合自己的內衣，能夠展現出女性更動人的曲線；選擇了不合適的內衣，不僅起不到保護的作用，反而會傷害原本的肌膚，使女性的身材變形。

有些年輕的女性，身體上的脂肪並不是很多，卻是典型的水桶腰，其原因可能與內衣穿著不當或者長期穿著低腰褲有關係。每個女人都希望自己能夠苗條一些，更苗條一些，於是選擇一些緊緊裹住身體的胸罩和束褲。由於受到過度束縛，原本屬於胸部的脂肪和束褲上端推上去的脂肪，都集中在腰部，形成腰部贅肉。

要想快速修正水桶腰的辦法，是塑腰。選擇塑腰帶時，要注意腰帶的透氣性，不透氣的腰帶，只需一天，就會使腰間大量出汗，甚至讓肚皮泛白，不利於身體正常排毒。

現在有一種遠紅外線的塑腰帶，在塑造腰線的同時，還能加速脂肪的燃燒，幫助減肥。人體的脂肪並不是固定不變的，而是有很強的可塑性。在穿著內衣時，要全面瞭解腰腹部脂肪的構成，透過恰當的內衣重塑脂肪，達到瘦腰的目的。

近年流行低腰褲，褲腰下降後，女性的腰線被拉長了，顯得更加苗條。但是長期穿著低腰褲，會使腹部呈現難看的凸起狀態，甚至出現多層腹的情況。當妳發現自己的腹部出現很明顯的凸起時，可以選擇腰身稍長款的，幫助腹部收緊。

現在內衣的款式繁多，選擇適合自己的內衣一般可以從以下幾個方面入手：

材質

好的內衣一般選擇棉質和絲綢材質做為主要材料。棉質內衣的特點是舒適，透氣性好；絲綢內衣摸起來非常順滑，穿著也很舒服。注意盡量不要選擇化纖內衣，胸部及女性的私處和身體其他皮膚一樣，也需要呼吸。長期穿著化纖內衣，乳頭會因缺氧而變黑。

款式

現在的胸罩多是立體剪裁而成，能夠很好地包住女性的乳房。但是，每個女性的乳房形狀並不盡相同，選擇的內衣款式自然也不會相同。常見的內衣為二分之一罩杯、四分之三罩杯和全罩杯的。對於胸部比較豐滿的女性，胸部隆起的高度大於乳房的圓周半徑，一般選擇四分之三罩杯或全罩杯的。二分之一罩杯的胸罩固定乳房位置的能力相對較弱，會使脂肪從胸罩中「露」出來，造成腰部的堆積。胸部較小的女性可以選擇二分之一罩杯的胸罩，將支撐力放在下圍，能夠營造胸部豐滿的感覺，襯托出了腰部的纖細。胸部大小適中的女性可以選擇四分之三罩杯的胸罩，會使胸部呈現出美麗的弧線。

設計

看似簡單的內衣其實並不簡單，怎樣才能挑選出設計合宜的內衣呢？這裡有一個簡單的小竅門，將內衣兩邊的肩帶調成相等的長度，然後將手臂穿過，使內衣自然地垂掛在手臂上，不要扣後面的鉤子。仔細觀察，當兩個罩杯向中間靠近時，證明塑形的效果很好，否則，就說明起不到塑形的作用。

買回內衣後，正確的穿著方式也能夠幫助雕塑完美的身體曲線。在穿著時，保持身體前傾四十五度，將手穿過肩帶，釦上後鉤後，將乳房放入罩杯中。下一個步驟非常重要，將乳房底線、腋下的脂肪向乳房中間收攏集中。最後，檢查肩帶是否合適，乳房周圍的贅肉是否都收納進了胸罩內。

長期堅持這種方法，妳會慢慢發現自己也可以擁有完美的身體曲線。

纖腰玉帶才是風情

腰帶是服飾搭配中的一個重要部分，它有很強的裝飾美化的作用。腰帶是一種很特別的配飾，其裝飾位置可上可下，使人體上下比例勻稱，即使身材比較豐滿的女性也會變得苗條。

在沒有鈕釦的時代，腰帶是服裝穿著過程中一個必不可少的工具，起著固定服裝的作用。隨著服裝的發展演變，腰帶成了一個可有可無的裝飾品。然而，醫學專家認為，女性經常腰痛，可能跟女性不繫腰帶、常穿低腰褲相關。腰帶可以幫助褲子更好的包裹住腰部，避免腰部受寒。不僅如此，腰帶也有穩固腰椎的功用。人的腰腹部位集中了人體幾乎所有最重要的器官，正確的繫腰帶可以對腰部周圍的臟器器官起到很好的支撐作用。

繫腰帶最好的位置在肚臍上方的位置，那樣才能真正的達到保暖及保護內臟器官的目的。而且，在繫腰帶時，不能太緊也不能太鬆，要以舒適為先決條件。腰帶繫好後，用手指插進腰帶裡，剛好能容納一根指頭最好。

腰帶的種類很多，從材質上看，有各種皮革、棉麻製、金屬、針織腰帶等；從寬度上看，有寬腰帶和窄腰帶之分；從功能上分，有實用類腰帶和裝飾性腰帶……千變萬化的腰帶給我們的生活提供了無限種可能，合理的利用各種腰帶，能使平淡無奇的身材煥發出新的光彩。

哈佛大學服裝設計領域教授認為，東方人的腿比較短，不適合繫低腰帶，那樣只會顯得腿更短。然而，近年來越來越低的腰線設計不斷挑戰這種說法。實際上，只要選擇能夠拉長人體線條的褲子，並搭配高跟鞋，也能夠穿出不一樣的風情。對於腰身比較短的女性，可以藉由低腰帶使上半身略呈V字形，凸顯小蠻腰。

無論搭配什麼樣的腰帶，都不要繫得太緊。過緊的腰帶會在腰間擠出一堆贅肉，讓人看起來臃腫不堪。有人認為用腰帶緊緊地勒住腰部，會讓自己看起來更苗條。這是個錯誤觀念，腰帶只會束縛局部的腰腹，脂肪會上下移動，讓腰部的線條更難看。

除非身材非常修長，否則不要選擇寬款的腰帶。只有身材纖瘦、腰節偏低的女性，才能夠使用寬腰帶，不僅如此，配戴特寬的腰帶能夠使人顯得更挺拔。除此之外的女性，最好選擇比較細的腰帶，尤其是身材嬌小的女性。較寬的腰帶會使嬌小的女性的腰線變得模糊，因此，身材越是嬌小，腰帶的寬度就應該越窄。

腰帶的色彩一般需要與衣服的顏色相配，避免採用對比色。對比色會將身體攔腰分割開，使腰部看起來很寬。腰部較粗的女性在選擇腰帶時，可以選擇色彩鮮豔的細腰帶，使人看起來更苗條。如果上下身服裝採用的是對比色，腰身較長的人最好選擇與下身顏色相同的腰帶，能使下肢變得更長；而腰身較短的人，最好選擇與上身顏色相同的腰帶，可以拉長上半身的比例。

腹部比較豐滿的女性，選擇兩邊寬、前面細的曲線腰帶，能夠弱化腹部的突出感，變得纖瘦。

腰部兩邊贅肉比較多的女性，可以在繫腰帶後，加上開襟外套等款式的服裝，可以遮住腰部兩側。

總之，腰帶的選擇與身材比例有很大的關係，其關鍵是要保持身體上下分割的比例關係，使身體看起來協調而且勻稱。此外，腰帶做為重要的時尚元素，能夠提升女性的氣質和魅力。如今，腰帶已經成為一種時尚單品，是各個大牌設計師的最愛。

細腰帶除了束緊腰部，也可以鬆鬆地搭在腹部，鉚釘的細腰帶配上一套今秋最流行的小西裝，幹練之中透露出幾分帥

氣、大方得體的線條感。

奢華的復古腰帶是近年來流行的新動向，緊身塑身的款式不僅修飾了女性腰部的線條，也使女性們的氣質更為古典、高貴。

針織腰帶能夠修飾胸部不夠完美的女性，在勾勒女性腰線的同時，更加突出女性的甜美。

每隔幾年流行的波西米亞風，使流蘇腰帶歷久不衰。選一條流蘇腰帶，搭配剪裁完美的簡單牛仔褲，展現不一樣的異國風情。

S形女性的關鍵在於完美的腰線，腰帶的點睛作用當然不容小覷。腰帶做為女人的一種很特別的配飾，女人的風情萬種都可以依靠它展現得淋漓盡致。

Chapter 4

「吃」出來的小腰精

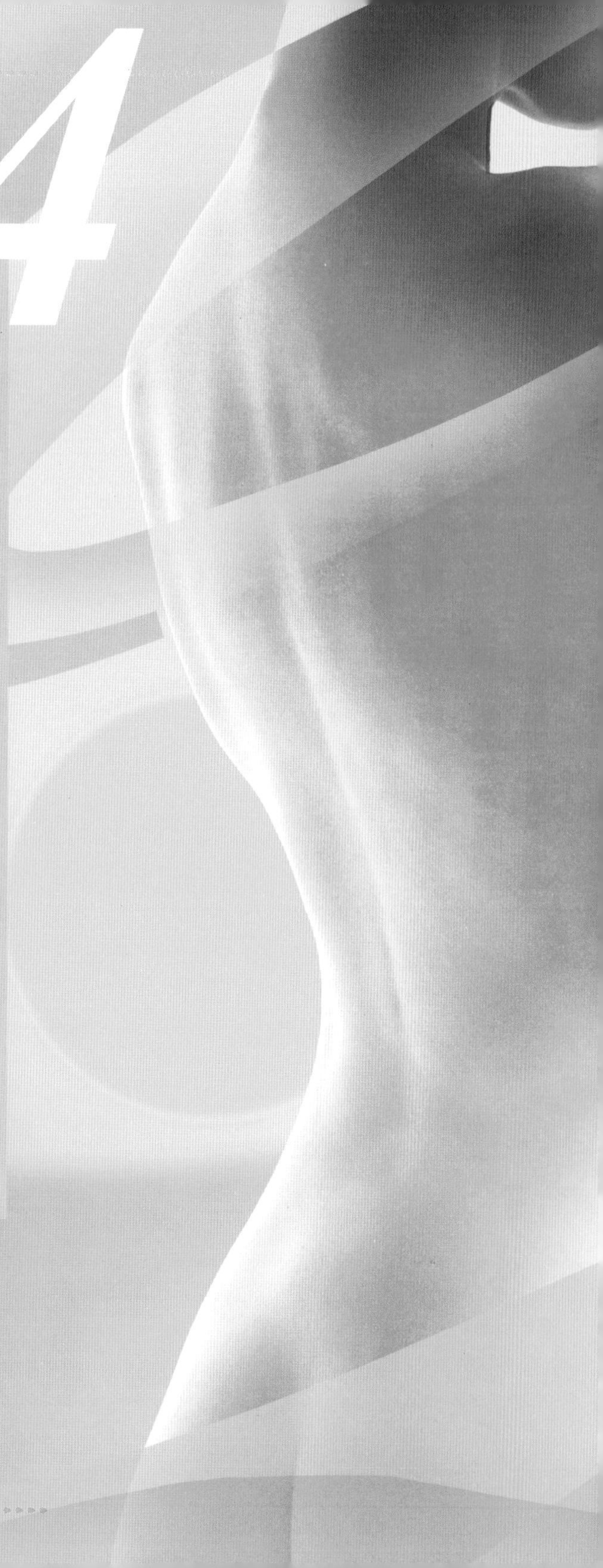

腰精吃食概論

有些人怎麼吃也不胖，有些人喝白開水也會變胖。現實生活中，很多人遭遇這樣的尷尬，甚至開始埋怨老天爺。實際上，上天對每個人是公平的，之所以出現這樣的現象，是長期不同的飲食造成的不同體質。正如一句俗語所說：「龍生龍，鳳生鳳，老鼠生的兒子會打洞。」有人將肥胖歸結為遺傳，實在沒有什麼科學依據。不合理的飲食往往是一家人的事情，因此，肥胖也是一家人的事情。科學上將人的體質分為酸性體質和鹼性體質兩種。簡單來說，酸性體質容易發胖，鹼性體質比較瘦。而且，酸性體質也意味著慢性疾病的開始，也就是一般所謂的亞健康。如果妳發現自己的體重非常容易變動，忽胖忽瘦，那麼，有可能妳已經變成了酸性體質。要想確定自己身體是否已經變成了酸性體質，可以對照以下幾條做個簡單的測試：

1、體重是否起伏不定。

2、皮膚是否變得比較敏感，例如長痘痘或者出現一些不明物。

3、非常容易疲勞，上午就開始覺得疲勞，總也睡不夠。

4、經常便祕，出現口臭的情況。

5、手腳容易冰冷。

6、脾氣比較暴躁，容易與人發生爭執。

如果以上六條，妳佔了四條以上，那麼很可能妳已經成了酸性體質。酸性體質的人處於生病的邊緣，由於血液不暢通，非常容易在腰腹部堆積贅肉。

食物往往是由蛋白質、脂肪、碳水化合物、維生素和礦物質所組成。其中礦物質所佔的比例雖然非常少，卻與人體健康有著密不可分的關係。例如鈣是我們身體骨骼的主要組成部分，缺鈣不僅能夠引起骨質疏鬆，也能影響人的情緒。實驗證明，長期食用含鈣率低的老鼠比較易怒，而攝取足夠鈣的老鼠則安靜得多。在必要的礦物質中，與食物的酸鹼性有密切關係的有八種：鉀、鈉、鈣、鎂、鐵、磷、氯、硫。如果前五種攝取量足夠的話，人體就會呈現鹼性。我們常常聽到有人說：「我怎麼吃也吃不胖。」排除身體疾病的因素，這個人一定是鹼性體質。在一定的條件下，酸鹼性的體質是可以互相轉變的，我們可以從飲食和精神兩個方面來進行調理。

首先，我們必須瞭解：好吃的東西幾乎都是酸性的，如：魚、肉、糕點、餅乾、飲料等，連我們平時的主食米飯也是酸性的；大部分的蔬菜和水果都是鹼性的，如海帶、蔬菜、白蘿蔔等等。酸的食物未必是酸性的，例如，酸醋卻是強鹼性的。因此，食品的酸鹼性與其本身的PH值無關，而是經過消化、吸收、代謝後，最後在人體內變成酸性或者鹼性的物質來界定的。

酸性食物：含硫、磷、氯等礦物質較多的食物，經過人體代謝後就會呈現酸性。脂肪類、蛋白質、五穀類多是酸性，常見的有魚、肉、蛋黃、白糖、糕點、白米、麵粉、油炸類的食物都是酸性物質。這些物質在人體內代謝後，會產生硫酸、磷酸等物質，攝取量過多，會讓身體有疲倦感。

鹼性食物：含鉀、鈉、鈣、鎂等礦物質較多的食物，在人體內代謝後會呈現鹼性。蔬菜、蘿蔔、蘋果、豆腐、菠菜、檸檬、葡萄、茶葉、草莓、番茄、黃豆、香蕉等都是鹼性食物。

中性食物：一些油脂類的食物不含礦物質，呈現出中性，如油、鹽、糖、澱粉等。

經常食用一些鹼性食物能夠使身體也呈現鹼性。蘋果是醫生經常推薦食用的水果，有句話講：「一天一蘋果，疾病遠離我。」蘋果可以中和掉人體內多餘的酸性，維持人體的酸鹼平衡。

除了飲食之外，都市人精神上的壓力也會使身體呈現酸性。當壓力傳遞給身體的各個器官時，血液中的鈣離子會減少，血液變成酸性。

如何預防酸性體質，醫生給出了以下的建議：

- 調整飲食結構，酸鹼食物的最佳比例為20：80。
- 養成良好的作息時間，早睡早起。許多人因為早上起得太晚而放棄吃早餐，長期這樣一定會變成酸性體質。因為經過一夜的睡眠，體溫在凌晨會達到最低點，血液循環、代謝都會變得緩慢，形成缺氧性燃燒，身體自然變成酸性了。
- 保持良好的心情。

當妳形成鹼性體質後，妳會發現身體前所未有的輕鬆，腰身也會變得柔軟纖細。

小小水果瘦身大奇效

一般人普遍將水果當作飯後甜點，認為它不過是生活中的小點綴。殊不知，水果中的營養價值很高，富含維生素與礦物質，是一種很好的食療材料。運用得當，能夠發揮巨大的療效。

現代人吃了過多油膩的食物，導致消化不良，排便無法暢通，會造成水分積壓在身體裡面。水果中所含的礦物質和維生素等營養物質，可以有效地幫助人體進行代謝。特別是高纖的水果，可以讓身體代謝的速度變快，排出多餘的水分，腰身自然顯露出來了。

目前比較流行的就是極端的水果瘦腰法。說是極端，原因在於這種減肥方法除了水果之外，什麼東西都不吃。這種的瘦腰效果非常好，往往在短時間內，就能夠讓人達到理想的尺寸。但是，這種方法也存在著很大的弊端，它往往減去的不是真正的脂肪，而是身體裡的水分，一旦恢復飲食，則會反彈。因此，

選擇極端水果法之前，必須樹立正確的觀點：可藉助此法改變自己的飲食習慣，幫助消除過重的口味，但若想要達到瘦腰的目的，只會「欲速則不達」。而且，長期只吃水果，會影響女性的身體健康，造成月經不調或頭髮分叉，甚至營養不良。下面介紹一些水果瘦腰法給大家參考。

蘋果瘦身法

蘋果本身含有大量食物纖維和鉀質，能夠幫助身體排出體內的殘餘廢物，蘋果酸則可以代謝多餘的熱量，防止下半身的肥胖。這種瘦身法非常簡單，連續三天只能吃蘋果和喝礦泉水，就可以減掉三到五公斤的體重。

注意事項：儘管此法沒有限制吃蘋果的量，但是連續吃三天，一般人每次最多只能吃二至三個。所以，採用此法最好選擇休息的時間，避免體力的消耗。另外，在實行此法之後，不要過度進食，否則體重會不減反增，也會增加腸胃的負擔。最好先少量食粥或蔬菜等較易消化的清淡食物，讓身體慢慢適應。

鳳梨瘦身法

鳳梨含有大量的酵素，可以幫助消化，消除身體內多餘的脂肪，同時促進新陳代謝，使身體窈窕有致。但是，這種酵素會損害口腔的腔膜，令口腔刺痛。因此，鳳梨瘦身法不能像蘋果一樣，一日三餐都只吃鳳梨。可以以鳳梨做為三餐中的其中一餐的主食，堅持一週就可以減輕二至三公斤的體重。

貼心警示：鳳梨含有的酵素會損害口腔腔膜，而且只吃鳳梨會營養不均衡，進行前必須細心考慮。

香蕉瘦身法

每根香蕉的熱量約在八十至一百千卡的熱量，而一碗白米飯含有約一百六十大卡的熱量。因此，每餐以香蕉代替一碗白米飯，便可以達到減肥的效果。香蕉甜軟，口感好，有很好的飽足效果，因此，此法較易堅持。香蕉含有豐富的鈣和維生素，可以消除身體的浮腫。

貼心警示：奇妙的大自然賦予食物不同的性格，熱帶產寒涼食物、寒帶則產溫和、進補的食物。產於熱帶的香蕉屬於寒涼食物，不適合居住在北方的人長期食用，否則會適得其反，瘦了腰卻傷了身。

西瓜瘦身法

西瓜的含水量，是水果中的冠軍。西瓜百分之九十以上都是水分，其中的氨基酸有利尿功能，幫助身體排毒。此外，西瓜中的鉀能夠幫助身體消除浮腫，美化腰、腿。在夏天，以西瓜代替一餐，既可以解渴，也能有效的瘦腰。

貼心警示：與香蕉一樣，西瓜也是寒涼食物。只適合在夏季食用，而且最好不要吃冰凍西瓜，儘管吃起來很爽口，但是經過冰凍的西瓜會加強其寒性，不適合空腹食用。

以上是一些比較流行的水果瘦腰法，在進行的時候，要注意以下兩點：

- 單純水果瘦腰法每天要保持最低的熱量在八百～一千卡的熱量，當身體感覺不適的時候，請即時補充營養物質，例如維生素、鈣片等。
- 最好食用當地當季的新鮮水果。非當季的水果經過處理後保存，原有的營養成分會大量流失。而罐頭水果經過加工後，維生素C大量流失，纖維質也減少了，而且用糖水浸泡後，也增加了熱量。

除了以上瘦腰方法，還有三種瘦腰的水果，經常食用，會有意想不到的效果。

首先是木瓜。經常吃肉類食物，脂肪容易堆積在腰腹，木瓜中的蛋白分解酵素、木瓜酶，可以幫助分解脂肪。然後是葡萄柚，熱量低、含鉀量卻非常高。最後是奇異果，號稱維生素C之王。而且其纖維質量也很豐富，避免脂肪囤積在腰部。

要想盡快瘦腰，也要注意，榴槤、荔枝等熱量高的水果要少食用，否則只會越吃越胖。

水做的女人，柳做的腰

在《紅樓夢》裡，賈寶玉有句經典的名言：「女兒是水做的骨肉」。的確如此，人的身體裡含有百分之六十以上的水分，這些水是運送各種營養成分的重要工具。當攝取的水分過少，會造成皮膚乾燥，身體代謝不暢，久而久之，腰腹部就容易堆積贅肉。經常喝水，也能夠幫助控制飲食。

從養生學的角度來說，一般飲用接近人體體溫的白開水就可以達到瘦身的效果。在這裡，一定要注意是飲用溫水。現代女性多喜歡喝冰水，尤其是在炎熱的夏天，更是無冰不歡。實際上，多喝水對身體好，喝冰水反而會起到相反的作用。當冰水到達胃部的時候，身體會啟動自我保護機制，調集大量脂肪堆積在腰腹。這也是為什麼有的女性明明身體很瘦，腰腹卻不瘦的原因。

有位養生專家曾經說過：「飯前飯後一杯溫水養腸胃，睡前一杯溫水養容顏，起床一杯溫水養壽年年。」在美容保健的同時，其瘦腰的效果也非常顯著。

起床喝杯水幫助清理腸胃

剛起床，在吃早餐之前先喝一大杯溫開水，能夠幫助腸子的蠕動，立刻產生便意。腸中雜物得到了清除，腰腹自然平坦多了。這招有不少明星都效法，效果很好！值得注意的是，有人喜歡在清晨喝一些淡鹽水。關於這一點，學術界專家眾說紛紜，有的說溫鹽水對身體很好，能夠加速身體的排泄；也有專家說身體經過一個晚上的代謝，原本就比較缺乏水，而鹽特有的脫水性則會加速這一過程。無論怎樣，喝溫白開水是最保守且是公認有效的瘦腰方法。在喝水的時候，注意小口小口的飲用，速度過快對身體是非常不利的。

飯前喝水暖胃，減少食量

在每餐飯前，先喝一杯溫水，可以溫暖因飢餓而變冷的身體，提高新陳代謝；另一方面，喝進的水分佔據了部分胃的空間，可以減少進食的份量。

下午茶喝水提高新陳代謝

剛剛吃過油膩的食物，許多人會馬上倒杯水或茶來消膩，實際上這是不正確的做法。剛吃完東西立刻喝水，會沖淡胃酸，影響消化系統。正確的做法是隔半個小時或一個小時再喝，這樣可以減少吃零食的機會，也能提高新陳代謝。

睡前喝一杯水

在睡覺前喝一杯水，可以滿足夜間身體所需的消耗，讓妳的身體永遠處於不缺水的狀態。有些人擔心睡覺前喝水會半夜上廁所，如果出現這種情況，說明妳的腎臟出現了一些小問題，那麼就要先調理好

身體再實行這一做法。

喝水瘦腰的優點已經被越來越多的人所認識，但是單純的喝溫開水也有一些侷限性。首先，有些體質偏酸的人，就是所謂「喝白開水也會胖」的一群人，很難看得出瘦腰的效果。其次，三餐保持正常，搭配喝白開水，長期堅持一定會有效果，但是這個過程會比較漫長。所以，大部分人在實行以後往往堅持不久就會放棄。

以下提供幾種利用水完成細腰夢想的有用方法，但是切記，「欲速則不達」，越快的方法對身體的傷害也越大。因此，在實行的過程中，不要擅自加大用量，否則，人瘦是瘦了，身體卻被傷害了。

生薑紅茶水

關於紅茶有一個非常有意思的故事。在一次宮廷宴會上，所有的人都拿著酒，只有英國皇后凱薩琳的酒杯裡裝著的是一種琥珀色的飲料。法國皇后對這種飲料產生了極大的興趣，可是還沒等她來得及細看，凱薩琳就一飲而盡了。這更激發了法國皇后極大的好奇心。當時凱薩琳擁有非常纖細的腰肢，而且喝完後更是容光煥發。忍受不了這種嫉妒，皇后派出一位心腹在夜晚潛入英國皇后的臥室想要一窺究竟。但是，事情很快就敗露了，而皇后的心腹也被捕獲而遭絞死，這就是當時轟動倫敦的「紅茶事件」。沒錯，凱薩琳所飲用的正是中國的紅茶。據說，當葡萄牙公主凱薩琳嫁給英國國王時，她的嫁妝中有兩百二十一磅紅茶及各種精美的中國茶具。中國紅茶的瘦腰功效不脛而走，從此以後，在西方上流社會，開始有了下午茶的習俗。

生薑紅茶水正是利用了紅茶這一獨特的功效來達到瘦腰的目的，由於在紅茶中加入了生薑，即使在沒有進食的情況下，生薑也能夠提高人體的新陳代謝，加速脂肪燃燒。

在進行之前，先準備一些材料：紅茶一包，去皮生薑、蜂蜜或紅糖適量。

做法：把紅茶包和幾片生薑一起放入杯中，用開水沖泡。注意，生薑片要盡量切薄一些，可根據自身的承受情況加入幾片，一般不要超過五片。否則，對胃會有很強的刺激。

等到水稍微降至八十度以下，可以加入適量的蜂蜜，幫助改善口感。或者也可用紅糖取代蜂蜜，紅糖本身也有排毒的功效，經常飲用可以改善女性的痛經。

飲用禁忌：生薑紅茶水有很大的侷限，它只適合那些體質偏寒的女性。如果妳有以下特徵，那麼生薑紅茶水不僅對妳有瘦腰的功效，還能起到保健的作用。如果以下四條，妳一條也沒有，請就此打住，不能採用此方法。否則，可能接下來的日子，妳要開始和臉上此起彼伏的小痘痘開始戰鬥了。

- 手腳經常冰冷。
- 有長期痛經的歷史。
- 無法忍受斷食一整天，會覺得體溫急劇下降，頭暈眼花。
- 平時比較喜歡吃甜食。

此方法共分成三個階段：

第一階段（三天）：適應期

這個階段沒有什麼特殊的要求，只是將平時的飲用水改成生薑紅茶水。一天飲用一～六杯，可以根據自己的腸胃適應情況來慢慢調整，讓腸胃習慣這種味道。

第二階段（二天）：進行期

早上：用生薑紅茶水取代早餐，注意同時補充一杯胡蘿蔔汁。

中午：生薑紅茶水，搭配一份雜糧粥。

晚上：恢復正常的飲食。注意，由於生薑有強烈的刺激作用，此時進食不能過於油膩，盡量清淡。

一天下來，妳會發現自己的小肚子變柔軟了，而且儘管一天都沒有吃什麼東西，但是手腳仍然很熱。

第三階段（二天）：鞏固期

早上：生薑紅茶水，同時補充一杯胡蘿蔔汁。

中午、晚上：正常飲食。

最難熬的第二階段只有兩天，我們可以利用某個週末在家實行這種方法，一定會有很大的驚喜。最後，要提醒大家注意的是，一旦出現腸胃不舒服要立刻回到第一階段，不可勉強。

七日瘦身湯

七日瘦身湯是幾年前瘋傳的一種瘦身方法，據說可以在七日之內減輕體重四至七公斤。由於七日瘦身湯有如此顯著的功效，以致於許多明星為了在短期內達到瘦身的目的，會經常採用七日瘦身湯。實際上，如果只是為了瘦腰，不需要七天，二至四天就可以看到效果。記住：在喝湯期間，雙手搓熱，然後按摩自己的腰腹部，第一天就能看到效果了。

材料：準備六個不大不小的洋蔥、幾個番茄、一個洋白菜、兩個辣椒、幾根芹菜。

做法：將所有的材料洗淨，洋蔥去皮，切好放在水裡，用慢火煲三小時左右。可以加鹽，但不能放油。

第一天：只喝湯、水和吃水果。注意，糖分較高的水果例如香蕉、龍眼、荔枝等要少吃。

第二天：只喝湯、水和吃蔬菜。這天不能吃任何的水果及澱粉類的食物。

第三天：可以喝湯、水、水果和蔬菜。這天仍然不能吃任何澱粉類的食物，如果前三天都能嚴格按照飲食規定，那麼一般都可以減重二至三公斤。

第四天：除了澱粉類和油類食物，其他的東西都可以吃，但是仍以湯為主。

第五天：可以喝湯和吃番茄等含糖分少的水果，還可以攝取少量的牛肉。經過前幾天，許多身體比較差的人已經開始有比較強烈的反應了，用牛肉可以即時地補充體力。

第六天：以湯、牛肉和蔬菜為主食，仍然不能吃澱粉類的食物，多喝水。

第七天：除了湯和蔬菜以外，可以進食少量米飯和新鮮果汁。

經過七天的瘦身後，大部分人都能看到很明顯的效果，但是這種比較極端的瘦身方法也有一些弊端。

首先，七日瘦身湯主要是減少人體的吸收量，因此，會使新陳代謝降低。許多人在減肥期間會出現臉色不好的現象。並且，在瘦身結束後，仍然不做任何飲食上的控制，會很快反彈。其次，腎臟和心臟不太好的人，不能採用此種方法。最後，七日瘦身湯對身體的免疫力也有一定的影響。在飲食過程中，蛋白質和糖類是分開進食的，這樣會對身體組織造成一定的傷害。

由於以上原因，在七日瘦身湯的進行過程中，一定要嚴格地遵守要求。比如，第五天必須攝取一些牛肉，第七天則要開始吃一些米飯。這樣可以盡量減少對身體的傷害。但是身體比較虛弱者，可以將七日瘦身湯延長到十四天，同時每天都配合少量的米飯、蔬菜和水果。最後需要注意的是，由於七日瘦身湯的減肥原理主要是利用蔬菜中的纖維素，故每天都必須重新煲湯，不能第二天喝昨天煲好了的。同時，每天煲好後，可以將後幾餐的湯放在冰箱中，等到要喝的時候，用小火加至溫熱就可以了。

紅棗玫瑰茶

此茶選材非常普通，在市面上能很容易買到。而且，在瘦腰之餘，也有養顏的作用，可謂一舉兩得。

材料：紅棗、玫瑰花、山楂、乾荷葉、決明子、檸檬片。

做法：將所有的材料放在開水中泡五分鐘左右就可以飲用了。剛開始飲用的時候，一天喝一、兩杯，等腸胃適應了以後，就可以當茶飲。等到瘦得差不多了，可以減少喝的次數。

注意：玫瑰花有強效去脂肪的作用，一次不能夠用得太多，兩、三朵就可以了，否則會出現腹瀉的情況。

事實上，無論什麼方式的瘦身，都是一個漫長的過程，想短期一勞永逸是不可能的。

禁忌飲料的甜蜜誘惑

一般來說，在瘦腰過程中，飲料是個禁忌。飲料中一般含有大量的糖分，經過人體吸收後，會轉化成脂肪堆積在身體上。

瘦身專家說，儘管代言各種飲品的明星身材都不錯，形象也很健康，並不因此代表這些飲料也非常健康。哈佛大學在對飲料進行研究後，發現即使一瓶小雪碧，其中含有的熱量也非常可觀，甚至超過兩碗米飯的熱量，問題在於，喝兩瓶小雪碧也比不上一碗飯所帶來的飽足感。可以這樣說，我們現在喝的含糖飲料、碳酸飲料、果味飲料等都是我們瘦身過程中的敵人。但是，巧妙的利用敵人，也能成為瘦身路上的動力。

碳酸飲料

碳酸飲料主要的成分是糖分和空白卡路里，人體所需的維生素和微量元素的含量極低。有人做過統計，如果每天少喝一瓶碳酸飲料，每個月的體重會輕半公斤左右。

可樂做為碳酸飲料家族中的主要成員，卻登上了瘦身榜單的前列，其代表作就是可樂咖啡飲料。首先準備可樂一罐（最好採用低糖可樂）、無糖咖啡（也可以用純可可粉代替）兩匙。然後，將咖啡加入可樂中搖勻就可以了。每天在飯前喝一罐，或者在餓的時候，當作開水飲用。這種方法尤其適合那些長期以米飯或者麵食做為主食的人，效果好的話，一天可以瘦半公斤。

純咖啡或者咖啡中含有咖啡鹼，這種咖啡鹼被人體吸收後，身體裡會分泌出腎上腺素，促進血液中的脂肪細胞的運動分解。但是，如果攝取的咖啡鹼過量的話，就會產生失眠、興奮等情況。而咖啡與可樂混合後，可樂中的甜味會降低人的食慾，減少熱量的吸收。這樣，能夠加速咖啡鹼對人體脂肪的分解。在短期內，確實可以達到快速減脂瘦腰的目的。但是，這種方法不能長期使用，咖啡提高身體代謝的同時，也加速了鈣的分解，而可樂中的碳酸成分則加劇了體內鈣質的流失。

果汁飲料

果汁飲料因為文宣上多了「果汁」兩個字，似乎令人誤以為是非常健康的飲品，但實際上，其中含有的維生素及微量元素非常少。很多成分裡的果汁，甚至是糖和調味料調配出來的，所以，試圖透過果汁飲料來獲得營養無疑是天方夜譚。

如果非常喜歡喝果汁，不如直接吃水果，或者自己榨新鮮的果汁，不僅營養，也有意想不到的效果。

蘋果醋

蘋果醋是飲料中少有的健康產品，是一種由蘋果發酵而成的醋味飲品。只需要在每餐前喝幾勺蘋果醋，就能夠幫助妳燃燒多餘的脂肪。

其實喝醋本來就可以達到減肥的目的，但是醋特有的刺激味道，大多數人並不喜歡。因此，西方很早就開始流行蘋果醋的瘦身方法。一方面，蘋果醋的味道沒有醋那麼強烈；另一方面，蘋果醋中含有的蘋果酸能夠幫助人體更快地消耗脂肪。研究顯示，蘋果酸能夠給人體帶來一系列的好處，包括降低血壓、增強心臟功能、防止癌細胞的生成，還可以增白皮膚，保持皮膚的光滑。

酒

在瘦身的過程中，醫生常常會告訴我們，需要戒酒，因為每克酒精含有的七千卡熱量足以讓身體堆積過多的贅肉。下面給大家介紹一種能夠喝到酒，又能瘦腰的方法。

首先準備乳酪和一瓶紅葡萄酒，最好是乾紅葡萄酒。然後，在杯子裡倒入一些紅葡萄酒，放入一片乳酪溶解在紅葡萄酒中，每天晚上在睡覺前喝。

乳酪含中短鏈脂肪酸、蛋白質及鈣質等，能有效促進新陳代謝，提高甲狀腺功能，以達到燃燒脂肪效用。紅酒含酒精、酪

胺酸等成分，產熱效果好，能促進新陳代謝，且熱量不會被人體儲存。乳酪加紅酒，熱量很低，再加上合理的飲食控制，能夠幫助燃燒腰腹和臀部的脂肪。

乳製品

牛奶是一種頗具爭議的飲品，有研究顯示，牛奶對人身體很好，認為「一杯牛奶強壯一個民族」；也有研究顯示，飲用過多的牛奶會造成營養過剩，反而對身體不好。

不管怎樣，乳製品中的蛋白質和鈣，對人體有很多的好處。但是，乳製品中最好的是優酪乳。優酪乳除了保留了鮮牛奶全部營養成分外，在發酵過程中乳酸菌還可產生人體營養所需的多種維生素。下面介紹一種可以幫助瘦腰的綠茶優酪乳飲料。方法是，在三餐飯前飲用一杯加了五～十克綠茶粉的優酪乳。綠茶中含有多酚素、維生素、氨基酸等成分，能調節脂肪代謝，減少身體內脂肪。

在喝飲料的時候，只要多注意查看飲料的營養成分，如果加入過多香精或其他添加劑，就要提高警覺了。

「吃肉」的蔬菜

蔬菜中含有很多的纖維素，能夠幫助腸胃的蠕動，促進排便，防止腹部的脂肪堆積。另一方面，蔬菜中含有許多能夠促進脂肪分解的物質，並且，其本身的熱量非常低，能夠加速脂肪的消耗。

但是，不要因為蔬菜本身的熱量很低，就不加限制的進食。實際上，過多的食用含有碳水化合物高的蔬菜，也能在身體內轉化成脂肪儲存起來。那麼，究竟哪些蔬菜才有利於人保持苗條的身材呢？下面介紹的蔬菜，不僅可以讓自己吃得飽飽的，還能幫妳「吃」掉多餘的脂肪。

黃瓜

黃瓜是四季常用的蔬菜之一，含有丙醇二酸，這種物質能夠抑制體內的糖類物質轉化成脂肪，進而可以有效地減少體內脂肪的堆積。網上曾經瘋傳的「黃瓜雞蛋瘦身法」據說能在一個星期內減輕體重五公斤。

黃瓜雞蛋瘦身法是指在一段時間中除了黃瓜和雞蛋外，什麼也不能吃。持續的時間為一週，在此期間，每天早晚要喝一杯蜂蜜水，防止便祕。

第一天：七個雞蛋，黃瓜不限（也可改成苦瓜）。

第二天：六個雞蛋，黃瓜不限。

第三天：五個雞蛋，黃瓜四根。
第四天：四個雞蛋，黃瓜三根。
第五天：三個雞蛋，黃瓜兩根。
第六天：二個雞蛋，黃瓜兩根。
第七天：一個雞蛋，黃瓜兩根。

這種瘦身方法主要是依賴減少食量來迫使脂肪的燃燒，在瘦身的過程中，可能會有頭暈及身體不適的現象，一旦出現要立刻終止。

韭菜

韭菜中含有大量的纖維，能夠增強腸胃的蠕動，有很好的通便作用，防止便祕。韭菜除了含鈣、磷、鐵、糖和蛋白外，還含有胡蘿蔔素，對身體健康很好。

大蒜

研究學者曾經用一些油膩的飼料餵養小老鼠，經過一段時間後，小老鼠的血液、肝臟和腎臟裡的

膽固醇含量明顯增加。但是，在小老鼠的飼料裡加入一些蒜泥後，體內的膽固醇含量就不再增多。日、韓兩國的研究指出，大蒜不僅具有抗癌、抗菌的效果，在瘦身方面也具有意想不到的效果。在對老鼠進行了幾天的實驗後，發現食用高脂肪食物的老鼠體重日增加量為○．二○克，而食用高脂肪食物及大蒜汁的老鼠每天體重增加量僅為○．○九克。研究顯示，在脂肪酸和膽固醇合成的過程中，不能缺少一種酶，而大蒜恰好能阻止這種酶的形成，避免了肥胖。

蘿蔔

蘿蔔有消膩、破氣、化痰和止咳等功效。白蘿蔔本身熱量很低，含有辛辣成分芥子油，具有促進脂肪類物質更好地進行新陳代謝的作用，可避免脂肪在皮下堆積。而胡蘿蔔富含果膠酸鈣，能與膽汁酸結磨合在一起，降低身體血液裡的膽固醇。

竹筍

竹筍是一種含蛋白質和纖維素多、脂肪含量很少的蔬菜。竹筍一般做配菜，有瘦身、預防心血管疾病等作用。

辣椒

辣椒中含有很豐富的辣椒鹼，只要吃一口辣椒，其強烈的刺激

口味會立刻向腦神經發出「足夠」信號，導致食慾大減。此外，辣椒鹼還能刺激體內生熱系統，加快新陳代謝。進食一餐辣味之後，可以消耗大於百分之二十五的卡路里。辣椒除了促進脂質代謝，並可溶解脂肪，抑制脂肪在體內堆積外，還含有豐富的維生素，對體內維生素的平衡也有很大幫助。

香菇

香菇能明顯降低血清膽固醇、甘油三脂及低密度脂蛋白水準，經常食用可使身體內高密度脂蛋白質有相對增加趨勢。

豆芽

豆芽含有大量的水分，脂肪含量和熱量都很低。不僅如此，豆芽中的植物蛋白、維生素含量都比較多，經常食用，有助於消膩、降脂。

膩、降脂。

木耳

黑木耳也是一種高蛋白、低脂肪、多纖維的食物，不僅如此，木耳中還含有一種多醣物質，能夠降低血液中的膽固醇，幫助瘦身。

蒟蒻

蒟蒻是瘦身過程中最具魔力的食品，百分之九十七的成分都是水分，幾乎沒有熱量，是最受瘦身者歡迎的食品。蒟蒻中含有膳食纖維和聚葡甘露醣，其可溶性纖維能清理腸胃，有益於身體健康。

此外，芹菜、鮮棗、紫菜、冬瓜等蔬菜都有很好的瘦身效果。經常食用蔬菜，除了促進腸道蠕動，清除腸內的有毒物質之外，同時能夠有效地防止便祕、痔瘡和大腸癌等疾病。蔬菜除了含有營養物質之外，還有一些特殊的生物活性物質，如：番茄素、葉綠素、生物鹼等。這些物質的作用就像體內的清潔器一樣，能夠幫助人體清除體內的垃圾，延緩衰老過程，是最自然的美容佳品。

豆製品的瘦身祕密

豆製品是一個大家族，其中有很多的品種，包括豆腐、豆漿、腐竹、臭豆腐等。豆製品的原料有紅豆、綠豆、黃豆等等，每一種豆子都有獨特的功效，下面介紹幾種能夠幫助瘦身的豆類。

紅豆是所有豆子中最能幫助身體保持理想狀態的食品，其瘦身效果非常驚人。紅豆的主要成分是糖類、蛋白質、維生素和豐富的膳食纖維等，除此之外，所含有的皂素是消除身體浮腫的妙藥。皂素主要存在於紅豆皮中，是一種多酚類化合物，具有抗氧化作用，還可以活化細胞，淨化血液和血管。因為紅豆皮中的皂素和膳食纖維含量十分豐富，因此，帶皮的紅豆比去皮加工製成的豆沙更有營養。

大豆，也稱黃豆，自古以來就被認為是健康長壽的食品。大豆中的蛋白質和牛肉一樣，含有人體所需的氨基酸，能夠防止血液凝結。此外，大豆中的食物纖維、維生素、礦物質的含量也很多，在預防便祕、保持身體健康方面功效很好。因為成熟的大豆不論怎麼煮也不容易消化，只有百分之七十的營養成分能夠為人體所吸收，因此，大豆常被加工成各種食品，如醬油、豆腐、豆皮等。

在所有加工製品中，豆腐含水量最大，也是日常生活中最常見的食品，其瘦身功能已經無數次得到證實。如美國影星伊莉莎白．泰勒曾靠吃豆腐瘦身成功；韓國明星李準基一天三餐只吃豆腐，在短短半個月的時間，減輕了八公斤的體重。實際上，所有的豆製品都含有一種叫皂苷的成分。用從黃豆中提取的皂苷對老鼠進行試驗，不斷在對老鼠進行餵食的過程中，一組老鼠的食物中加入皂苷，另一組老鼠的食物中不加。研究結果表明，儘管進食量一樣，但是加了皂苷的老鼠的脂肪並沒有堆積，而另一組則明顯變胖了。腦部神經下部，有滿腹中樞和空腹中樞，滿腹中樞給我們傳遞「已經飽了」的資訊，而空腹中樞則帶給我們「還想吃」的資訊。食慾就是由這兩種起相反作用的中樞相互配合而控制的。皂苷就是透過抑制空腹中樞的異常興奮，進而有效地防止肥胖。所以，一般感覺身體裡的脂肪過多時，不妨每天都吃一些豆腐。

下面介紹一些有利於瘦身的豆腐製作方法。

金銀豆腐

原料：豆腐一百五十克，油豆腐一百克，草菇（罐頭裝）二十朵，蔥兩根，水一百克，雞粉狀十五克，醬油十五克，砂糖四克，蔥油四克，太白粉水少許。

做法：豆腐與油豆腐均切為兩公分見方的小塊，鍋中加水，待沸後加入雞粉、豆腐、草菇、醬油、砂糖

等，共煮十分鐘左右，加太白粉水勾芡盛入碗中，周圍倒入蔥油，表面撒上蔥段。

雪菜豆腐湯

原料：豆腐兩百克，雪裡紅一百克，鹽、蔥花、雞粉適量，沙拉油五十克。

做法：豆腐下沸水中稍焯後，切為一公分見方的小丁，雪裡紅洗淨切丁。鍋上旺火燒熱，放入蔥花煸炒，炒至出香味後放適量水，待水沸後放入雪裡紅、豆腐丁，改小火燉一刻鐘，加鹽、雞粉即可食之。

琵琶豆腐

原料：嫩豆腐一百五十克，瘦豬絞肉一百克，雞蛋兩個，太白粉、鹽水、料酒、胡椒粉、雞粉、蔥、薑各適量，火腿絲、水發冬菇絲少許，紅葡萄酒一百克，高湯五百克。

做法：將豆腐在沸水中焯後搗成泥，與絞肉、蛋汁、太白粉、鹽水、料酒、胡椒粉、雞粉攪打至黏稠，放入蔥、薑、水攪勻，再放入少許香油拌勻，用十個調羹，每個都抹少許油後分別盛入豆腐糊，上放火腿絲、冬菇絲，然後上鍋蒸透，取出後去調羹，將做好的豆腐丸擺在盤中。高湯燒沸，放入紅葡萄酒，再次沸騰時淋在琵琶豆腐上即成。

核桃豆腐丸

原料：豆腐兩百五十克，雞蛋兩個，麵粉五十克，沙拉油五百克，高湯五百克，鹽、太白粉、胡椒粉、雞粉、核桃仁各適量。

做法：將豆腐用湯匙壓碎，打入雞蛋，加鹽、太白粉、麵粉、胡椒粉、雞粉後拌勻，做二十個丸子，每個丸子中間夾一個核桃仁，沙拉油上旺火燒至五、六分熱下丸子炸熟即成。

牛奶豆腐餐

如果以上做法妳覺得麻煩的話，再介紹大家一種簡單方便的瘦身餐。

原料：豆腐兩百克，牛奶兩百毫升，鹽少許，糖一匙，蔥花，雞粉少許。

做法：像做普通豆腐湯那樣把豆腐放在牛奶中煮（牛奶中加少許水，防止乾鍋），等沸騰後，依照自己的口味加入調味料即可食用。

在食用牛奶豆腐時，可以不吃其他的食物。這種搭配充分利用了牛奶和豆腐的瘦身作用，還能美白肌膚。需要注意的是，用豆腐牛奶進行瘦身時，一定要注意每天攝取的食物熱量不能低於一千大卡，否則很容易造成心血管疾病。

豆製品的營養價值可以與魚、蛋相媲美，而且其中沒有導致肥胖的脂肪和膽固醇，吃得再多也不會造成脂肪的堆積。

食「色」，性也

在營養學上，有「一二三四五，紅黃綠白黑」的說法，只要按照這種吃法，不僅能夠保持身體健康，也能達到瘦身的效果。

「一」是一杯牛奶。每天喝牛奶，對人的健康有益。牛奶能夠補鈣，還能減少冠心病、動脈硬化的發生。

「二」是每天兩百五十克主食。

「三」是每天吃三份高蛋白質食品。五十克瘦肉或一百克魚或一百克鴨就是一份高蛋白。

「四」是指每天吃飯的次數為四次，每天吃飯的總攝取量不變，只是增加用餐的次數。

「五」指的是五百克蔬菜和水果，補充人體每日所需的纖維素和維生素。

「一二三四五」主要是從食物的結構和量上調整人的飲食結構。

「紅」是指每天一個番茄或一至二兩紅酒。

「黃」是指每天進食胡蘿蔔、紅薯、南瓜等黃色蔬菜。

「白」是指燕麥粉或燕麥片。

「綠」是指綠茶或深綠色蔬菜。

「黑」是指每天五～十克黑木耳。

「紅黃白綠黑」主要提供的是人體所需的營養物質，長期食用，可以延長壽命，保持身體健康。

法國科學家的一項最新研究報告顯示，按照食物的顏色選擇飲食可以幫助瘦身。在瘦身的過程中，看到色彩豔麗的紅色這種暖色調的食品時，要盡量少吃一點，而看到白色、綠色和黑色的食物時，可以多吃一些。這是一條基本原則，但也不是絕對的。綠色、白色和黑色的食物一般是低熱量的食物，有助於瘦身，而紅、黃色的食物儘管熱量高，但是能夠幫助提高人體的新陳代謝。因此，每個人應該按照自己的體質來選擇合適的顏色的食物進行瘦身。

紅色食物能夠促進新陳代謝，幫助身體脂肪的燃燒，能夠促進血液循環，增強免疫力，有很明顯的延緩衰老的效果。

黃色食物能修復身體的傷害，維持消化器官及臟器的正常工作，提高新陳代謝，使瘦身過程變得輕鬆容易。

白色食物對食慾有抑制作用，在瘦身期間經常食用，有助於調節視覺與安定情緒，對於患有高血壓、心臟病的瘦身者提供必要的營養補充。

綠色食物本身都不含高脂肪，又有豐富的營養元素，而且淨化能力很高，在排除體內毒素的同時，能夠補充維生素和礦物質。

黑色食品能夠給人體補充能量，提高免疫力。黑色食品在滋養身體、強化免疫力方面的效果非常卓越，能夠給瘦身者帶來充分的營養，又不會增加人體的負擔。黑色食品在淨化人體的同時，也能夠增強細胞的活力和免疫力，使身體活力十足。

在對各色食物進行介紹後，有些讀者會很迷惑，各種顏色的食物都很健康，那豈不是每種食物都需要攝取。答案是否定的，每個人的體質不一樣，例如有些人長年手腳冰冷，說明紅、黃色的食物攝取量比較少。營養專家認為，人體虛胖並非營養過剩，而是缺乏營養造成身體失衡，因此，根據自己的體質來選擇不同的色彩才是最好的辦法。

綠色是萬能的色彩，適合各種體質

由於近年來環境污染嚴重，許多人處於亞健康狀態。綠色食物中富含豐富的纖維素，幫助人體的消化、吸收，快速的實現瘦身。無論什麼體質的人，都可以放心地食用。

經常手腳冰冷的人，需要多攝取紅色物食物

紅色能夠加速體內脂肪的燃燒，尤其適合手腳冰冷的女性。四川美女很多，大多擁有細膩的肌膚和苗條的身材，主要原因在於她們喜歡吃紅紅的辣椒。四川溼氣很重，平時多食用一些辣椒，可以提高新陳代謝，幫助身體排除溼氣。但是，處於熱帶地區的人或者經常出汗的人如果經常食用紅色的食物，反

而會造成身體毒素的累積。

缺少活力和精神的人，需要多攝取黃色食物

黃色食物能夠增加人體體溫，為虛弱的身體提供熱量，調節身體健康。黃色食物含有豐富的維生素、礦物質等營養物質，在給瘦身者提供營養幫助方面功不可沒。有些人每天都活力十足，神采奕奕，卻也有水桶腰，則需要減少黃色食物的攝取量。

有著旺盛的食慾，容易便祕的女性，多食用黑色食物

黑色食物最令人矚目的功效在於調節大腦的神經平衡。飲食過量與便祕是大腦神經失去平衡的兩大症狀，也是瘦腰路上的絆腳石。想要消除暴飲暴食，就需要調節食慾中樞，便祕問題也會得到解決。

白色食物為大腦補充能力，提高新陳代謝

白色食物是瘦身路上最受爭議的食品。中國人的主食米、麵都是白色的，被譽為是肥胖的元兇。但是，在瘦身的過程中，絕對不能夠長期不食用白色的食品。白色食物對維持大腦機能功不可沒，如果完全不攝取的話，會打破調節神經的平衡，降低基礎代謝。怕胖的人，可以採取減少食用量的方法。

瞭解了食物顏色所蘊含的力量，我們可以根據自己的體質，有選擇性的食用一些食品。對正常的人體來說，每天所需的量需按照顏色由深到淺而遞增，即人體每天對黑色食物的需求量小於綠色食物，小於紅色食物，小於黃色食物，小於白色食物。

另類進食法

隨著整體社會生活水準的提高，營養也日益豐富，造成許多營養過剩的胖子。各種瘦身、減肥的方法應運而生，最常見的是餓著肚子減肥。這就有了一個奇怪的現象，在這個不缺乏營養的時代，卻出現了許多缺乏營養的瘦子。事實上，人體是一個小宇宙，各個部位也構成了一個小循環，相互協調，只要我們順應而為，苗條的身材只是很自然的結果。

無論是養生專家還是中西醫學家，都不只一次地表示，現代人的飲食方式存在著嚴重的問題，「速食」就是一例。儘管以麥當勞、肯德基為代表的速食業已經席捲全球，但是它們背後隱藏的胖子群體也令人感到十分恐怖。一些傳統的飲食方式放在現代來看似乎很另類，卻是能讓人瘦下來的良方。

細嚼慢嚥進食法

鳳凰衛視主持人梁東在一次節目中說：「慢，是一種奢侈。」的確，在這個快節奏的社會，什麼都講求效率。走路快，吃飯快，甚至連戀愛、結婚都快。在如此快速的節奏下，人們對事物講究的是新鮮、刺激，如同豬八戒吃人參果般，快速地吞下去了，連味道都沒來得及品嚐，平白可惜了東西。因此，能在瞬間刺激味蕾的食物，才能獲得更多的關注。

事實上，任何保留原汁原味的食物都是需要細細品嚐的。當妳抽出一點時間，安安靜靜地坐在餐桌前，心情愉快地享受食物時，會發現吃飯不再是心理、生理相互敵對的折磨，而是一種享受。與此同時，食物進入人體後，體內的血糖會慢慢地升高，當升高到一定水準的時候，信號就會傳遞給大腦，大腦會發出停止進食的信號。狼吞虎嚥的進食方法會造成信號還沒來得及傳遞給大腦，人體就已經攝取了過多的食物。因此，減慢進食的速度，也能夠防止進食過多而造成的營養過剩。

據說，瑪丹娜每口飯都要嚼五十次以上。我們雖不用如此誇張，但每口飯咀嚼十次以上是必須的。在細嚼慢嚥的過程中，食物無限細化，可減輕腸胃的消化負擔。長期堅持下來，妳會驚訝地發現，每一餐都吃得很飽且很滿足，但是小腹、腰間的贅肉卻不知不覺間消失了。

改變用餐時間

選擇正確的吃飯時間，對於人體體重的意義，甚至高於人體攝取的食物數量和品質。中國養生文化認為人的生活習慣應該符合自然規律，人體每日節律剛好暗合十二地支，也正說明這一點。日節律是指人體一晝夜中陰陽消長與盛衰的情況，在不同的時辰做不同的事情，能使人體達到平衡，身材也會變得勻稱健美。

辰時，在早上七點到九點鐘，此時氣血剛好運行到胃。這個時候進食，就如同甘露一樣，能夠很快地被人體所消化和吸收。此時進食，最好攝取一天營養的百分之三十到百分之五十，能夠保持人一天的活力。

午時，在早上十一點到中午十三點，此時氣血運行到心。心經旺，能夠加速全身的血液循環，心火生胃有利於消化和吸收。習武之人，在午時練功，能夠增強功力，而對於大部分無力主宰自己氣血的人，睡眠能夠使「心腎相交」。午餐一般要吃好，只要達到八分飽就可以了。

酉時，在晚上十七點到十九點間，此時氣血運行到腎。此時用餐不宜過多，盡量清淡，不要加重腎的負擔。

在以上三個時辰用餐，能夠順應身體氣血的運行，達到自然平衡，淨化身心的作用。在不同的時辰，飲食的量也不一樣。有句話說：「早餐吃得像個皇帝，中餐吃得像個平民，晚餐吃得像個乞丐。」正是最通俗的註解。

流質進食法

這種進食方法在醫學臨床上被稱為「進食」的方法，也稱為「極低熱量餐」減肥法。其原理是在一段時間內完全不吃固體食物，每天只以流質來充飢。在日本，有一種叫做「迷你流質進食法」受到許多瘦身者的追捧，其原理一樣，

只不過是時間上進行了縮減。

流質進食法實際上在中國古代就已經被提出來過，藥王孫思邈就是一個實踐者。據說，孫思邈活到了一百四十一歲，這種說法不一定可靠，但從現存資料來看，他活到了一百歲以上是個不爭的事實。在孫思邈的養生中，他就提到晚餐不吃固體食物，以清淡的湯水來維持體力。這樣既能夠養生，不給腎造成負擔，又能夠使保持身心愉悅。長期堅持，就能夠消除腰腹脂肪，美化體型。

其實追根究底，只要我們正確看待食物，認真對待我們自己的身體，就一定能夠擁有苗條和健康。

零食也可以百無禁忌

提起零食，總是讓女人們又愛又恨。零食的色澤、香味總在挑戰著女人們的神經，讓人欲罷不能；另一方面，大部分零食是甜的，經常食用，身體的脂肪會越堆越多。

沒有不喜歡漂亮的女人，只是有些人更願意沉淪在零食的誘惑中，這也是許多人在瘦身的道路屢戰屢敗的原因。不僅如此，有些女性甚至在與零食的抗爭中產生了一種病態，例如強迫症、厭食症等。因此，正確看待零食，是瘦腰路上的首要任務。我們必須明確一點，零食並非百害而無一利，不過其危害確實大過益處。如果無時無刻都處在零食的包圍中，妳很快就會發現鏡子中的自己是個水桶；

如果無時無刻都在抗爭著零食的誘惑，妳會發現自己的心會變得非常疲憊。

有些零食相對比較健康，可以適當選擇；有些零食則必須在適當的時機才能吃。在選擇零食的時候，建議大家先看一下食品的成分表。有個簡單的判斷標準，油脂比例在百分之三十以下，屬於低熱量的零食，可以吃；油脂含量在百分之三十至百分之五十的為中高熱量，可以適當選擇；超過百分之五十的屬於高熱量食物，是造成粗腰的萬惡之源。但有些堅果類，看似熱量很高，但含有許多人體所需的營養，也是屬於健康食品。除此之外，還要看食物中的鈉含量及反式脂肪酸的含量，對於某些肥胖病人或某種疾病患者，經常食用這類食物，會對身體造成傷害。下面介紹一些常見的零食，幫助大家正確的認識這些零食。

洋芋片

洋芋片本身的熱量並不高，每克大約五．六卡，但是油脂比例高達百分之六十五，是典型的高熱量食品。如果選擇一些加料的洋芋片，熱量更高。所以，洋芋片是瘦身路上的禁忌，盡量不要選擇。

餅乾

餅乾的熱量比洋芋片略低，每克約在四．八卡左右。但是餅乾中的油脂含量和納元素的含量比較高，油脂量有百分之三十七左右，每一百公克中含鈉量為五百毫克。因此，營養師建議每週食用不要超過三次，每次攝取量不要超過兩片，血壓比較高的人盡量不要食用。

海苔

海苔每克的熱量約三・八卡，油脂含量大約在百分之九左右，並且海苔中含有維生素A和比較豐富的膳食纖維，可以做為比較健康的零食食用。但是，海苔中的納含量比較高，高血壓患者最好不要吃，即使是一般人也盡量減少攝取量。

瓜子

瓜子是一種很常見的零食，每克約含熱量五・一三克，其油脂含量約為百分之六十三，屬於典型的高熱量食物。瓜子中所含的油脂主要是不飽和脂肪酸，而且含有豐富的膳食纖維和維生素E，因此可以適當攝取。但是瓜子本身體積比較小，每次吃一把總覺得不過癮，很容易過量，要特別注意。

開心果

開心果的熱量為每克六卡左右，油脂比中高達百分之七十二。不過開心果屬於堅果類，其中的油脂有預防心血管疾病的作用，營養師建議可以適當

攝取。但是也不能過量，因為其中的納含量比較高。

巧克力

巧克力是典型的超高熱量的零食，而且其中還含有精緻糖，與身體的肥胖及慢性病相關，因此建議盡量不要攝取，尤其是糖尿病患者。

泡芙

泡芙中的脂肪含量與熱量都比較高，屬於熱量較高的點心，而且泡芙中含有反式脂肪酸，不但會使身體發胖，而且容易引起心血管疾病，因此盡量不要吃。

盡量少吃的食物，並不是完全不能夠食用，只要選擇好恰當的時間也不會造成發胖。一般來說，在上午九點到十點之間或者下午三點到四點之間，適當攝取一些小零食，能夠防止飢餓，提高新陳代謝，反而有利於瘦身。研究顯示，下午吃一些零食，能夠消除身體的疲勞，改善記憶能力。

在選擇零食時，盡量選擇一天肚子比較飽的時候去超市進行集中採購，這樣會比較理性。買回家後，將零食分散放在不同的地方，等到餓的時候再取用一些。最後，在吃零食之前，最好先喝一些水，先填飽自己的肚子，免得攝取過量。

健康早餐小提醒

在上章中，我們提到「早餐吃得像皇帝」，其實這也是營養專家的建議。現代生活節奏非常緊湊，很多年輕的上班族都不太注重早餐，隨便對付一下，甚至不吃。這是一種錯誤的做法，醫生明確地指出，長期不吃早餐，容易得膽結石。

人在早晨空腹的時候，膽囊內的膽汁經過一夜的停留，膽固醇的飽和度很高。正常進食早餐，由於食物刺激膽汁分泌，使膽囊收縮，膽固醇隨著膽汁排出。當膽固醇飽和度降低後，結石就不易形成。如果一直不吃早餐，膽汁中的膽固醇會一直處於飽和狀態，引起膽固醇的沉積，逐漸形成結石。除此之外，低血糖、胰腺的疾病也與不吃早餐有關。

從中醫養生學的角度，早餐提供的熱量和營養佔全天總量的百分之三十～百分之五十，這樣才能保持一天的精力和活力，這一點是其他兩餐無法替代的。早餐吃得像個皇帝，並不是說早餐吃得要非常奢侈精緻，而是說早餐的營養要很全面。做為早餐，首先要注意，是一天中的第一餐，因此一定要吃飽。很多年輕女性喜歡用麵包或餅乾代替早餐，雖然方便，但是營養太過單一，而且很容易消化，不抗餓。因此，早餐最好選擇營養豐富的主食、牛奶、雞蛋、水果、蔬菜等食物，能夠讓人持續工作幾個小時也不會覺得餓。

理想的早餐必須有主食，可以選擇全麥吐司、饅頭或者燕麥粥等碳水化合物，紅薯類的效果會更好。總而言之，在有條件的情況下，最好要選擇沒有經過精細加工的食品。這樣可以保障碳水化合物的攝取量，既不會傷身體，還能維持人體一上午的活動量。

早餐中還應該包括營養豐富的蛋白質和適量的脂肪類食物，如牛奶、雞蛋等。還要注意維生素的吸收，可以選擇適量的水果和蔬菜。早餐的食物選擇應該盡量避免煎炸的食品和奶油、巧克力等甜點。經過一晚的消耗，這些食物會加速身體的吸收，不利於瘦身。下面是一些早餐食譜，大家可以做為選擇的參考。

1、脫脂牛奶一杯，全麥麵包兩片，水煮蛋一個，涼拌黃瓜一碟

分析：此食譜包含了碳水化合物、蛋白質和豐富的維生素，營養比較全面。可以用優酪乳代替牛奶，也有相同的效果，甚至更好。注意，有胃病或胃潰瘍的人不能空腹喝優酪乳。

2、小米粥一碗，鹹鴨蛋一個，燒賣一個，脫脂牛奶一杯

分析：此食譜中缺少了水果和蔬菜，維生素攝取量明顯不夠。

3、麥片一杯、水煮蛋一個、柳橙一個、全麥麵包一個

分析：麥片是養胃的佳品，我們可以根據自己的體質特徵選擇不同的材料來製作麥片。五穀雜糧的營養非常全面，是很好的食療材料。例如，薏仁可以美白、消除身體浮腫；黑豆皮內含花青素，能清除體內自由基，有很強的抗氧化效果，能夠促進腸胃的蠕動；黑米中含有較多的膳食纖維，能夠幫助身體排毒……

4、燕麥粥一碗，蔬菜包兩個，鵪鶉蛋三個，酸牛奶一杯

分析：燕麥是一種低糖、高營養的食品。燕麥中的膳食纖維能夠促使膽固醇的排泄，能夠有效預防糖尿病。此外，習慣性便祕患者經常食用燕麥，也能夠得到緩解。其他食物則能夠保障早餐能夠攝取足夠的蛋白質和纖維素。

做好早餐後，最好能夠坐下來享受一頓早餐。許多人為了多睡一會兒，寧願一邊走一邊吃早餐，這樣血液無法充分幫助胃的蠕動消化，容易造成消化不良。

營養「速食」午餐

午餐是一天中非常特殊的一餐，忙碌了一上午的身體，需要得到充分的休息，同時還需要補充足夠的營養來做下午的工作。然而，對白領女性來講，舒服的享受一頓午餐是一種奢想，大部分人只能選擇速食，方便快捷地解決。

速食巨頭麥當勞首先提出薯條也健康的概念，他們聲稱：「我們使用完全不含脂肪酸的食用油。」其他的速食店也不甘落後，相繼推出營養健康的午餐。這給我們提供了一個新的思路：速食與瘦身並非是對立的，如果運用得當，速食也能夠瘦身。瑞典徹平大學，經過反覆驗證，再次證明了一個質樸的真理：想要減肥，只要每天消耗的熱量高於吃進去的食物熱量就可以了。

東伊利諾斯大學的傑姆斯·佩因特也做了相似的試驗。他讓兩個學生在一個月裡都吃速食，結果，兩人不僅體重有所減輕，對速食的食慾也大打折扣。當然，兩個學生每餐的進食量是根據各自的身高計算得來的。

在選擇速食前，首先要明確一點，不要在電腦前面進食。午餐時間，不僅是補充食物能量的時間，也是放鬆身體、讓大腦休息的時間。所以，暫時離開辦公室，外出呼吸新鮮的空氣，享受一頓午餐後，再步行回來，妳會發現精力更充沛。

一份健康的營養速食應該包含以下內容：

一份主食：一份粗糧麵包、饅頭或麵食等。對於想要瘦身的女性，可以適當減少主食的攝取量，但不能不吃。主食能夠讓人產生飽足感，避免晚餐吃得更多。

三份蔬菜：主要補充維生素和纖維素。以綠色蔬菜為主，適當搭配其他顏色的蔬菜。

一份肉類：可以補充必要的蛋白質。一般來說，白色的肉比紅色的肉更健康，魚肉比雞肉好，雞肉比牛肉好。

一個水果：補充必要的維生素。現在市面上的水果種類很多，最好選擇當季的水果。有一個很簡單的選擇標準——價格相對便宜。

一把堅果：每天吃一些堅果。堅果是植物的精華部分，含有豐富的營養物質，對人體的生長發育、增強體質都有很好的功效。

為了使攝取的營養更均衡，建議最好不要買現成的便當，而是到自助餐廳自行挑選菜餚。這樣不但更省錢，更有瘦身的效果。

在吃速食的時候，注意以下要點：

1.飯前喝湯

湯裡面的營養很豐富而且很容易讓人產生飽足感。俗語說：「飯前喝湯，苗條又健康；飯後喝湯，越喝越胖。」飯前喝湯，有利於食物稀釋和攪拌，促進消化和吸收。更重要的是，飯前喝湯可以增強飽足感，進而減少進食量。而在三餐之中，午餐喝湯最利於減肥，因為此時的吸收量最少。

2.盡量少選調味料

原本清淡的食物，配上高熱量的調味料，將會前功盡棄。如果是吃中式速食，盡量選擇少鹽多醋的食物，才能讓自己越來越苗條。

3.不要喝飲料

許多人喜歡在吃速食的時候，喝一杯冷飲。一杯冷飲的熱量甚至超過一頓飯的熱量，又怎麼會減肥呢？如果很想喝水，可以選擇咖啡或者是礦泉水來代替。

瞭解了以上原則，即使天天吃速食，也不會讓身材走樣。

瘦瘦的晚餐瘦瘦的腰

「晚餐要吃得像個乞丐」，並不是說晚餐就可以不吃。許多女性經過一天的忙碌後，拖著疲憊的身軀回到家裡，不吃飯可能會讓身體快速的瘦下來，卻會讓身體缺乏營養而被拖垮。

晚餐必須得到一定的重視，早餐和午餐不足的營養可以在晚餐進行適當的補充，使一天的進食量保持均衡。瘦腰晚餐需要做到以下幾個要點：

攝取量不可過多

晚餐吃得過飽，而人體又處於相對靜止的狀態，多餘的營養物質無法消耗，就會以脂肪的形式沉積在體內，導致肥胖。

不僅如此，晚餐吃得太多，還會引發一系列的疾病。例如心血管疾病，當腸胃脹滿時，坐下看電視，腸胃向上擠壓心臟，減少心臟的血液供應，誘發心肌梗塞

等疾病。對愛美的女性來說，晚餐過量還會加速衰老。晚餐後不久，人體就要開始進入睡眠狀態，如果晚餐量過大，會增加人體的熱量，使身體各個器官處於運轉的狀態，導致人體過早衰老。

要早吃

在前面的章節，我們提到吃晚餐的時間在每天晚上五點到七點之間，晚上八點以後除了水以外，最好不要吃任何食物了，尤其是在睡覺前的四個小時，以保障食物消化的時間。

有研究顯示，人體排鈣的高峰期是在餐後的四～五小時。晚餐吃得太晚，排鈣期也會相對延後。如果排鈣期的高峰期時，人正處於睡眠狀態，鈣就會停留在尿液中，滯留在輸尿管、膀胱等尿路中，久而久之，就會逐漸擴大形成結石。

要清淡

晚餐盡量以新鮮的蔬菜為主，幫助身體排出一天積攢下來的毒素。在晚餐時，尤其注意減少攝取過多的蛋白質和脂肪類食物。

臨床證實，相對於以素菜為主的人，晚餐經常進食蛋白質和脂肪類食物的人的血脂要高三～四倍。攝取蛋白質過多，人體吸收不了就會滯留於腸道中而發生變質，產生有毒的物質，刺激腸壁、誘發癌症。脂肪攝取量過多，則會導致血脂升高，對於原本已經患有高血脂和高血壓的人無異於火上加油。

不要吃甜食

一日三餐中，晚餐吃甜食最易造成脂肪的堆積。糖分進入人體後可以分解成果糖和葡萄糖，經消化後會產生脂肪和熱量。運動對於糖分轉化成脂肪有一定的抑制作用，但是晚餐後一般都不會有太激烈的運動，因此會加速脂肪的堆積。

餐後最好散步四十分鐘

無論攝取什麼食物，裡面都會含有一定的糖分。在晚餐結束後，散步四十分鐘左右，可以幫助身體消化掉多餘的脂肪，保持身材的苗條。

晚餐後，選擇一個空曠的，能讓心情變好的地方進行散步。散步的速度可快可慢，可以根據每個人的適應程度來進行選擇。一般來說，速度越快越能幫助身體消耗多餘的熱量。

不瘦錢包只瘦腰

瘦身看似非常簡單，只要少吃就好，但是真正進行過瘦身的人發現，想要瘦得漂亮，一點都不便宜。不相信，我們可以來進行一下簡單的計算。

假如妳想靠藥物瘦身，一盒減肥藥的價格在一百五十元到五百元左右，大約能吃一個星期左右。但是，大家都知道，想在一個星期內減到滿意的體重是不實際的。因此，無形之中，每個月就要多支出好幾百塊。

所有的瘦身專家都會說，單靠飲食瘦身是不夠的，一定要配合運動。許多人會選擇去各種健身會館參加一些運動項目，例如跳舞、健美操訓練、游泳等。很顯然，天下沒有白吃的午餐，這些算起來也是一筆不菲的支出。

有一些人會選擇快捷的辦法進行瘦身，例如動手術或上美容院。一般利用手術瘦身，價格按照抽出脂肪的量來進行計算，或按照身體的部位來進行計算，無論哪種計算方式，都必須準備幾千塊甚至上萬塊。其實，聰明的女性總會找到便宜的瘦身方式，讓自己瘦得健康，瘦得美麗。

首先，我們可以選擇廉價的瘦身品。在我們周遭，有許多東西都能夠幫助我們瘦身。在前面的章節中，給大家介紹的大部分水果和蔬菜都有助於身體排毒，達到瘦身的目的。不僅如此，還有一些特殊的食物，利用得當，其瘦身效果不輸減肥藥品。這裡給大家介紹一個簡單的自製減肥藥品。

買黃豆兩百五十克和一瓶米醋。將黃豆洗乾淨後晾曬乾，再放到米醋中，浸泡十天到十五天後，就可以吃了。每天吃五～十粒左右，能夠達到美容瘦身的效果。醋中含有豐富的營養物質，能夠提高身體的新陳代謝。黃豆含有豐富的蛋白質、維生素和微量元素，經常食用，不僅能夠減肥，還能促進皮膚細胞的新陳代謝，減退臉部色素的沉澱、有效祛除色斑。

對於想要透過運動瘦身的運動，不去各種訓練班，一樣可以進行有氧運動。例如，快走、慢跑、騎自行車等都可以達到減肥的目的。

如果在減肥上的開支已經超出了預算，不要緊，我們可以從別的地方來平衡收支。例如，減少外出用餐的機會。在外面吃飯，雖菜餚非常美味，但是我們不知道廚師用了什麼調味料，很容易

造成熱量過剩。自己做飯，可以自製一些熱量比較低的食品，而且價格便宜。在做飯的過程中，還能加大身體的運動量，一舉數得。

沒有到吃飯的時間，肚子就餓了。不要緊，可以準備一些低熱量的食品，例如黃瓜、小番茄或者蘋果，用這些食物填滿自己的嘴，飢餓會慢慢的趕走。口渴時，拋棄那些昂貴的又不解渴的飲料，自己動手做一杯減肥茶。泡一杯決明子茶或玫瑰花茶，都能幫助身體消除多餘的脂肪，愉快瘦身。

在買菜的時候，選擇當季的新鮮蔬菜，不僅健康而且價格相對低廉，少買一些價格昂貴的肉類食物，妳會發現自己越來越瘦，銀行裡的錢也會越存越多。

Chapter 5

「動」出來的小腰精

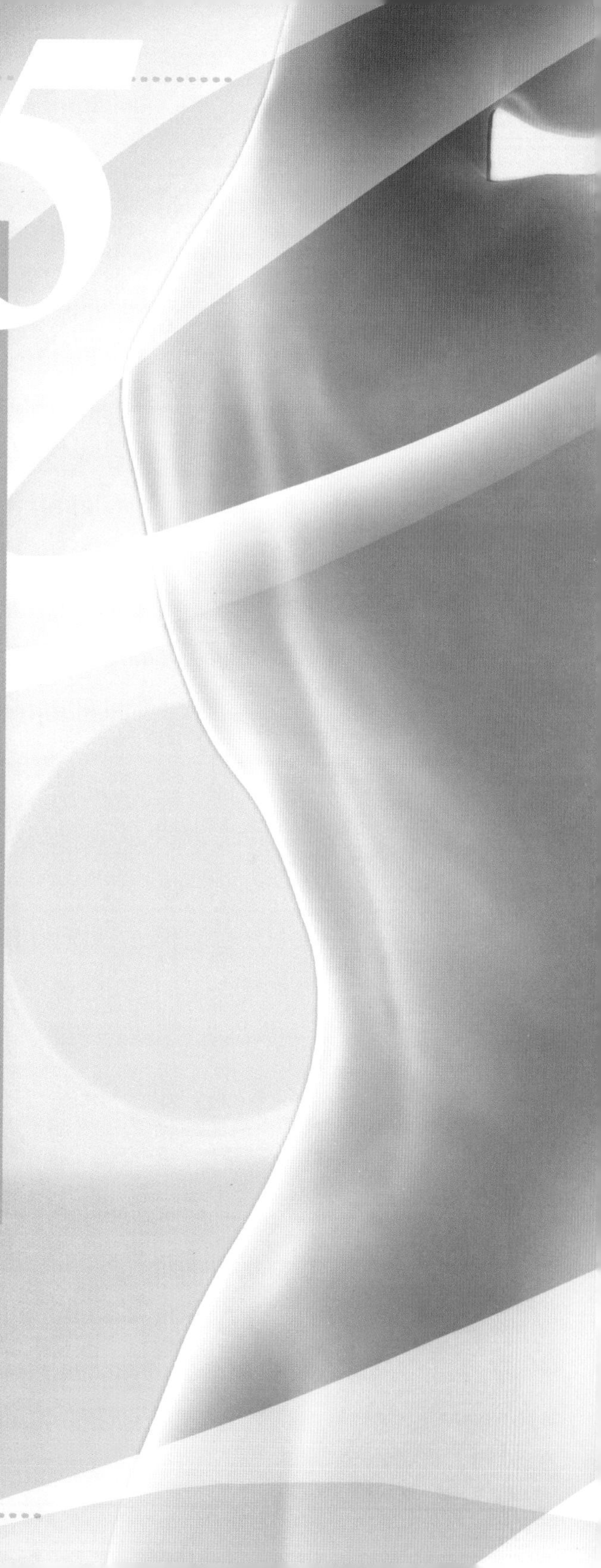

瘦腰之路，始於足下

健康的腰圍不僅纖細，而且應該富有彈性。李時珍在《本草綱目》中說：「楊枝硬而揚起，故謂之楊。柳枝弱而垂流，故謂之柳。」古人常常說楊柳細腰，取的就是楊柳的纖細和柔韌。有些生病的人，儘管腰身瘦了，卻沒有健康之感。只有有彈性的細腰，才會顯得婀娜多姿。

人直立行走，手解放出來，腳就承擔了支撐人體的重擔。瘦腰，當然更離不開雙腳。大部分人在一歲半左右就開始行走了，可能會因此而忽視行走的魅力。正確的行走能達到有氧運動的效果，不正確的行走則適得其反。在瘦腰之前，先讓我們來瞭解正確的行走技巧。

首先要注意正確的姿勢：身體必須挺直，下巴向前伸，重心稍微向前，放在腳掌上。收腹、提臀，假想頭上有一根看不見的繩子在拉自己向上，身體繃直，不要搖晃。當這樣站立好後，腰就細了一小圈。

在行走的時候，腳尖平行向前，腳跟著地，用腳外側用力。注意，抬腳時，身體會稍微向前傾斜，這是正常的現象，但千萬不要彎腰。

為了保護我們的腳，一定要選一雙好的運動鞋，穿著有鞋跟或者鞋底較薄的鞋，很容易讓腳感到疲痛進而草草結束運動，也會傷及腰部。

掌握了以上要點，再來看看幾種有效的瘦身法。

快走瘦身法

大步快走能加速脂肪燃燒，讓身體迅速熱起來。這種瘦身法的關鍵是：揮動手臂大步走。使用最大的步伐，盡可能最大限度的揮動手臂，能夠調動全身的肌肉，不僅可燃燒脂肪，也能夠美化手臂線條。落腳時用力以腳跟著地，抬腳時用力以腳尖離地。

對缺乏鍛鍊的人來講，不要期望一開始就走得很快，這樣只會讓自己勞累不堪。我們可以分成幾個階段來進行：

第一階段：室內訓練階段。可以先嘗試光腳在室內行走，讓腳充分體會行走中的受力。然後，站在鏡子前，挺胸、收腹。膝蓋前後搖動，原地踏步，當胯部隨腳擺動時，妳會感到腰部的扭動。對著鏡子調整自己的走

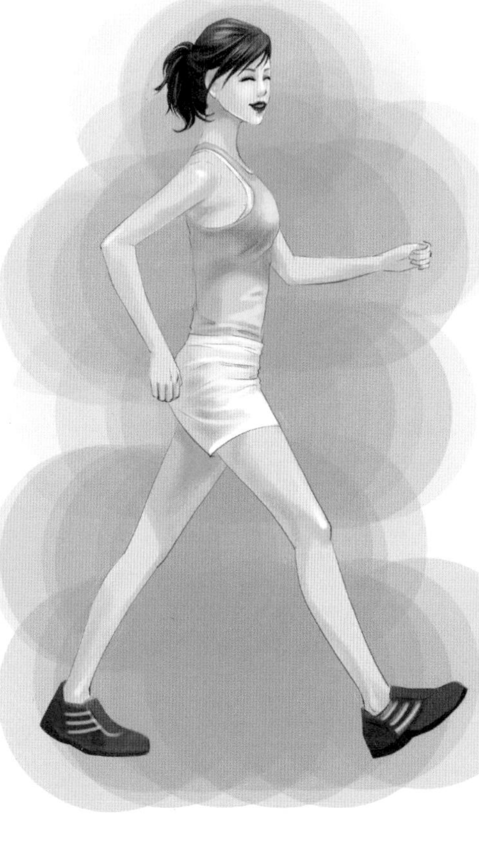

姿。這個時期的時間可長可短，以不勞累為原則。

第二階段：基礎訓練階段，每週步行三～四次，速度略快於平時散步的時間，時間控制在十分鐘以上。堅持一～二週。

第三階段：逐漸提高行走速度和行走時間，速度大約提高百分之五～百分之十，時間提高為三十分鐘以上。堅持一～二週。

第四階段：保持每週散步五天，每次運動一小時以上。繼續提高行走速度，以身體能夠承受為準。

第五階段：不斷挑戰自己，可以選擇爬樓梯、到有陡坡的山上行走。

跑步瘦身法

跑步是一種超級有效的瘦身運動，而且給我們的身體帶來了很多的好處。很多人在跑步的時候，覺得腿部痠痛不已，立刻就放棄了，這是錯誤的做法。腿部的痠痛恰恰正說明我們的脂肪開始燃燒了，此時放棄，得不償失。

跑步是一種有氧運動。在跑步過

程中，血糖在無氧狀態下，迅速合成新的熱能物質來提供能量，並產生副產品是乳酸，因此肌肉會感到痠痛。但是，血糖無氧分解所提供的能量，只能維持四十秒。然後，血糖、血脂肪酸和血氨基酸在有氧狀態下繼續提供能量物質。在這個過程中，血糖由澱粉分解後供應，血脂肪酸由脂肪分解後供應，血氨基酸由蛋白質分解後供應。因此，跑步時間越久燒掉的脂肪就越多，只要持續半小時至一小時，百分之五十的熱量就由燃燒脂肪來供應。

跑步的關鍵是起跑的時候，速度不能過快。這就好像唱歌，起音過高，就會接不下去了。在開始跑步的五分鐘內，注意調整好心肺的呼吸節奏和跑步的步伐，使身體充分的活動開。

缺乏鍛鍊的人一開始就跑一個小時會非常困難，應循序漸進，先從五分鐘開始，然後十分鐘，慢慢的增加。剛開始時，速度也可以非常緩慢，略微快過步行，然後慢慢增加。

六十分鐘的跑步過程對每個人來說，都是一件枯燥而富有挑戰的事情。我們可以盡量轉移自己的注意力，關注呼吸的頻率。嘗試深呼吸，讓新鮮的空氣經過喉嚨、腸胃到達丹田，再慢慢地吐出來，感覺體內的廢氣、毒素隨著空氣帶出體外。慢慢的，妳會發現，跑步是一件非常美好的事情。

怪走瘦腰法

腳連通全身經脈，有些奇特的行走方式能幫助我們鍛鍊特殊部位，達到養生健身的功效。身體裡的血脈通了，細腰自然不在話下。

1. 內八字行走：一般人行走多為外八字或直線前進，改為內八字行走，可以扭轉平時不當的姿勢，消除疲勞，鍛鍊平時鍛鍊不到的肌肉。

2.腳尖行走：提起腳跟用腳尖走路，可促使腳心與小腿後側的屈肌群緊實度增強，有利於三陰經的疏通。在爬樓梯時，只用腳尖爬樓，也能達到相同的效果。

3.腳跟行走：抬起腳尖用腳跟走路，兩臂有節奏地前後擺動，以調節平衡。這樣可加強鍛鍊小腿前側的伸肌群，以利於疏通三陽經。

4.倒退行走：倒行時全身放鬆，膝關節不曲，兩臂前後自由擺動，可刺激不常活動的肌肉，促進血液循環。在倒行時，頭兩邊擺動向後看地面，也能夠調整頸椎。

5.像貓一樣行走：貓走路動作舒緩，從容而自信。由於貓的腳掌有塊肉墊，所以走起路來幾乎沒有聲音。人如果踮起腳來，走路的時候也可以像貓一樣無聲無息，而且踮腳走路對人體有許多好處。

在晚餐過後散步時，踮腳向前走，妳會感覺到腳心和小腿後側的屈肌群十分緊實，這比一般正常行走時對屈肌的鍛鍊強度要高很多，所以一般走百步即可。

貓感到恐懼和遇到威脅時會倒退行走，人們模仿貓倒退行走的姿勢同樣有益健康。倒退行走時，腳尖先著地，觸地時盡量不發出聲響，重心向後移到腳跟，這樣有利於靜脈血由末梢向近心方向回流，更有效地發揮雙腳「第二心臟」的作用，有利於循環。而且倒退行走時，改變了腦神經支配運動的定式，啟用了不少平時不常用的神經結構，可預防腦萎縮現象，每次倒退百步為最佳。

此外，經常模仿伸展臺上的模特兒走貓步，可以防治由於長時間站立或行走而引起的腰痛、胃下垂、痔瘡及下肢腫脹等。特別是對孕婦來說，每天堅持走二十步，對自己和胎兒均有好處，不僅可以緩解背痛，保持較好的體型，還能降低便祕的發生率，增強分娩時的耐力等。有一點要注意的是，速度絕對不能過快。

以上幾種方法，簡單、容易操作，我們可以因時制宜的進行鍛鍊。利用飯前飯後、上下班的時間，或者晚餐後的幾個小時，長期進行鍛鍊，會有意想不到的效果。

站立的學問

站立也能瘦腰嗎？答案是肯定的。雖然站立看似身體處於休息的狀態，但只要在恰當的時間選擇正確的方法，就一定能讓腰身苗條很多。

第一招，保持身體的平衡，重心略微前移，落在前腳掌上，大腿自然夾緊，雙膝自然內收。雙手自然下垂，放在身體兩側，將肩打開。假想頭頂有一根繩子向上拉伸人體，感覺從腹部到喉嚨都有強烈的拉伸感。正確的站姿能夠拉伸身體的肌肉線條，雕塑腰部線條，使人看起來更有青春活力。

第二招，配合正確的呼吸方式。關於這一點，我們會在下文中談到。在日常步行和站立時，用力收縮小腹並配合腹式呼吸，可以讓小腹變得平坦性感，腰線也自然出來了。腹式呼吸的關鍵是吸氣時腹部要充分膨脹，呼氣時腹部則盡量收縮，貼近脊背。剛開始不能掌握這個要領的人，可以先平躺著練習。腹式呼吸有助於刺

激腸胃蠕動，促進體內廢物排出。

第三招，時刻記住，能站著就絕不坐著。很多人抱怨生活忙碌，沒有時間瘦身，而站立瘦身法則可以隨時隨地進行。坐公車上班的路上，手盡力上伸抓住拉環。由於公車晃動非常厲害，可以嘗試隨著公車的晃動將重心放在左腳或右腳，在健身的同時，也能訓練保持身體的平衡感。

在等紅綠燈的時候，用力收縮小腹，堅持六秒鐘，感覺肚子緊貼後背。每次這麼做的時候，難熬的等待時間也會變得輕鬆愉快。

在書店和圖書館的時候，沒有空座位？不要緊，站在書架前看書。注意，不時地換一下支撐腳，避免由於血液不暢通造成的麻木感覺。站著看書時，注意下半身盡量直一些，能夠幫助消耗更多的熱量。

最重要的是飯後不要馬上坐下，站立至少半個小時，可以幫助消除腰間的贅肉。許多氣質美女都有飯後站立的習慣，有個模特兒在接受採訪時，談及保持纖腰的祕訣，很重要的一點就是飯後站立一個小時。

第四招，站立時扭扭身子加強瘦腰。有幾個小動作可以幫助我們燃燒脂肪。第一個小動作，雙手交叉放在腦後，下半身保持不動，身體向左旋轉，目光看後方，再回到正面，換成右邊。第二個小動作，兩腳打開與肩

齊，兩手水平打開，平行地面，彎腰，用右手去碰觸左腳，再用左手去碰觸右腳。注意，膝蓋不能彎曲。第三個小動作，雙手置於腦後，保持下身不動，以腰為軸前傾後仰。第四個小動作：雙手叉腰，兩眼平視前方，反覆提踵。腰部隨著動作自然擺動。

在瑜伽中，有一種基本功法類似於站立瘦身法，被稱為站立修長練習法。這種練習方法主要是用內在的氣息去延伸每一塊肌肉。鍛鍊肌肉的張力、彈力，使外形變得更修長，對於想要纖腰的、大腿形狀不夠美的人都有幫助。

第一步：站立姿勢，雙腳打開略比肩寬，腳尖朝外。吸氣，雙手向兩側抬起與肩平，掌心向下。

第二步：將雙腳踮起，用前腳掌支撐身體，同時，雙手指尖向上勾起，盡量將雙手向外伸展。當手臂有些痠脹時，將手臂上抬，手心向上，在頭頂合掌，站立，自由地呼吸。

第三步：呼氣，同時手臂沿著剛才的軌跡放下，腳跟落下。

這套站立修長練習法能夠消除腹部贅肉，鍛鍊腰肌，也能夠緩解肩部痠痛，益處很多。

在站立修長練習法的基礎上，還可以加大力度，進一步鍛鍊腰部左右兩側的斜腹肌，美化腰線。在第二步的基礎上，將身體向一側彎過去，用指尖帶動側腰向旁側拉伸到極限，保持五秒以上，正常地呼吸。回到站立姿勢後，再換邊。如果覺得踮起腳尖做很吃力，可以不踮腳。

這組鍛鍊的動作經由深度地伸展達到內在的按摩，對調理五臟六腑很有幫助，同時還可以滋養女性器官、保護卵巢。同時，還加速側腰部脂肪燃燒，能夠有效改善上半身身體曲線。

因材施瘦

每個女人都有想變美麗的願望，如果告訴她們，只要運動，妳就會得到夢想的身材，馬上就會聽到一些藉口：「我沒有時間。」「我現在的重心是孩子。」等等諸如此類的話語。其實，這些都是缺乏動力的表現。

許多成功瘦身的人都有過同樣的經歷，身材胖而遭到服裝銷售員的嘲諷、由於臃腫的腰圍被男朋友嫌棄，或者是過了一個冬天穿不進自己心愛的牛仔褲，於是痛下決心，一定要瘦身成功。因此，在瘦身之前，一定要有瘦身的動力。可以嘗試用一根皮尺測量自己的腰圍，每週測量一次，來檢驗自己的瘦腰效果。至於諸多的藉口，都有解決的辦法。無論何時何地，只要妳想要瘦，或者想要更瘦，都能夠達到。下面介紹幾種利用我們日常生活中常見的一些物品進行瘦腰的方法。

椅子瘦腰法

只要有椅子，我們就可以採用這套瘦腰法。在坐著的時候，記住要挺直妳的脊背。許多彎腰駝背的人，自認為找到了很舒適的姿勢，殊不知這樣會加重腹部贅肉的堆積。坐的時候首先要將脊椎自然伸直，兩肩下垂，胸大肌張開，上半身保持自然挺直。挺直脊背，可以使背部和腹部的肌肉處於緊實的狀態，脂肪就不會往腰腹部跑。如果工作比較累，可以將脊椎一節節地放鬆下來，靠在椅背休息幾分鐘，再恢復自然挺直的狀態。

- 坐在椅子上，挺直身體，深呼吸，感覺肚子無限接近後背，保持這種姿勢五秒鐘，重複十次左右。此動作能夠讓腰腹部得到充分的鍛鍊。
- 坐在椅子上，兩手撐住坐板，用力將身體抬起，保持五秒鐘，如此重複十次。此動作能夠幫助消除腹部多餘的皮下脂肪，達到美腰的目的。
- 坐在椅子上，雙手叉腰，左右轉動腰肢至最大的幅度，重複十次。此動作可以增強腰腹部肌力和柔韌性。
- 坐在有靠背的椅子邊上，雙手向後抱住椅背，感覺要從椅子的邊緣滑落。全身放鬆，使腰部盡量貼到椅面。雙腳抬起，做騎自行車的動作。運動時需要一隻腳盡可能下伸，只要不觸及地面即可；另一隻腳向上抬，而且越高越好。此動作能夠強效鍛鍊腰腹部。
- 坐在椅子上，扭動上半身，向側面、斜側面用力扭動，感受腰部肌肉被擠壓。斜著扭身的動作，能夠鍛鍊腰部平時很難用到的肌肉——外腹斜肌。

● 坐在椅子上，雙手抬起交叉於腦後，彎腰用右肘靠近左膝，感覺到腰部的扭轉，保持五秒鐘。然後用左肘靠近右膝，保持五秒鐘。注意在保持的時候，將腹部的氣息全部吐出。

繩子瘦腰法

利用繩子就能夠完成瘦腰任務。用手拉住繩子，雙腳打開與肩同寬，雙手持繩子舉過頭頂。兩手緊緊拉扯繩子，然後向身體兩側彎曲，感覺到腰部贅肉擠成一團。然後，雙手繞到背後，身體向下彎曲，兩手持繩子盡力向上舉至所能承受的極限，保持五～十秒。

樓梯瘦腰法

瘦腰法中最有名的是爬樓梯瘦腰法。美國研究機構指出，經常爬樓梯可以降低體內壞膽固醇。爬樓梯運動介於步行與跑步之間，每爬樓梯一分鐘，可消耗六至八卡。經常爬樓梯可以幫助全身脂肪的燃燒，帶動腰部也變得纖細。

利用樓梯瘦腰，還可以利用空閒時間，找個沒有人的樓梯角落，將一邊的腿抬起放在樓梯上，將上身向前傾，盡量貼近腿部。經常這樣鍛鍊，能夠拉伸腿部線條，也能使腰部更纖細。

踩自行車瘦腰法

- 平躺在床上或墊子上，雙腳彎曲抬起，約四十五度。
- 兩腳模擬踩自行車的動作，做二十個。

● 雙腳向前伸直，離地面三十度左右。剛開始做的時候，妳會覺得小腹抖動非常厲害，堅持二十秒，慢慢地將時間延長。這個方法對於鍛鍊腿、腰和小腹都有很好的療效。

細腰毛巾法

只需要一條毛巾，就可以進行腰部大作戰。

● 雙腳向前伸直坐正，收緊臀部的肌肉。

● 將毛巾套在雙腳上，雙手各持毛巾的一端，兩臂向前伸直，肩膀不可用力。

● 保持手持毛巾、手臂伸直的姿勢，向左右轉動，臀部也要同時迅速扭動。在運動時，注意臉朝向正前方，手臂要伸直。

只要有瘦腰的意識，無論何時何地，都能利用周圍的環境來進行瘦腰。而且，只要持之以恆，每個人都能達成心願。

跳繩，最美形的運動

在各種健身運動中，國外一些健身運動專家格外推崇跳繩運動。跳繩運動非常簡單，只需要一根繩子就可以了，而且不需要什麼技術層面，任何人都是一學就會。當冬天溫度比較低的時候，跳繩是最佳健身運動。

有人認為跳繩很容易傷害膝蓋，但有專家指出，跳繩對膝蓋的衝擊力量只有跑步的七分之一至二分之一。而且，在跳繩的時候，用腳

底的前端著地，就能降低對身體的衝擊。跳繩不但能強化妳的心肺功能及身體各主要部分的肌肉，還可以訓練身體的平衡感。

跳繩的運動量也很大，持續跳繩十分鐘，相當於慢跑三十分鐘或者跳健身舞。由於跳繩是一項比較激烈的運動，練習前一定要做好充分的準備工作。先要選好裝備，一雙抗震力強、軟、材質較輕的運動鞋和一根好的跳繩是必須的。繩子的長度應配合運動者的身高，過長或者過短的繩子都會影響跳繩的動作。用雙腳踏住繩子中間，兩手持繩子兩端拉直到腋下，就是適當的長度。剛開始練習的時候，繩子可以稍微長一點，之後再慢慢提高要求，縮短繩子的長度。繩子的材質沒有太高的要求，只要自己拿著合適就可以了。現在有一種可以自動計數的電子計數繩，不僅可以自動計數，也可以顯示消耗的熱量，非常方便。

儘管跳繩操作起來非常方便，也不能一開始就太過激烈。法國健身專家莫克專門為女性健身者設計了一種「跳繩漸進計畫」。初學者在剛開始跳的時候，可以先在原地連續跳。開始三個月每次跳三分鐘，三個月後每次連續跳上十分鐘，半年後可以實行「系列跳」，每次連跳三分鐘，每天跳五次，直到一次連續跳上三十分鐘。

正確的跳繩方法是，首先兩手分別握住繩子的兩端，一隻腳踩住繩子的中間，兩臂屈肘將小臂抬平，拉直繩子。在跳繩的時候，用前腳掌跳，以免腦部受到震動。當跳躍的時候，盡量不要彎曲身體，在跳的時候，保持自然呼吸。向前搖時，手臂靠近身體兩側，肘部稍微向外展開，手臂與身體平行，用手腕發力，由外向內，做畫圓的動作。每搖動一次，繩子從地面經身後往前翻，迴旋一周，繩子轉動的速度和手搖繩的速度成正比，搖動越快，繩子迴旋就越快。

在跳繩的時候，應該注意以下要點：

● 跳繩只需要很少的活動空間，但活動時所選擇的地面必須非常平坦，最好鋪上地毯和軟墊。如果可以，就選擇軟硬適中的草坪、木質地板和泥土地的場地，而且最好穿上運動鞋，這樣可以緩和膝蓋和腳踝與地面接觸時的衝擊，以免損傷關節，甚至影響脊椎、腦部，造成運動傷害。

● 體重比較重的人，最好採用雙腳同時起落的方式跳繩，同時，跳躍也不要太高，以免關節因過分負重而受傷。

● 在跳繩之前，先充分活動腕部、踝部等關節，等充分熱身後，再進行跳繩運動。跳完後，不要立刻

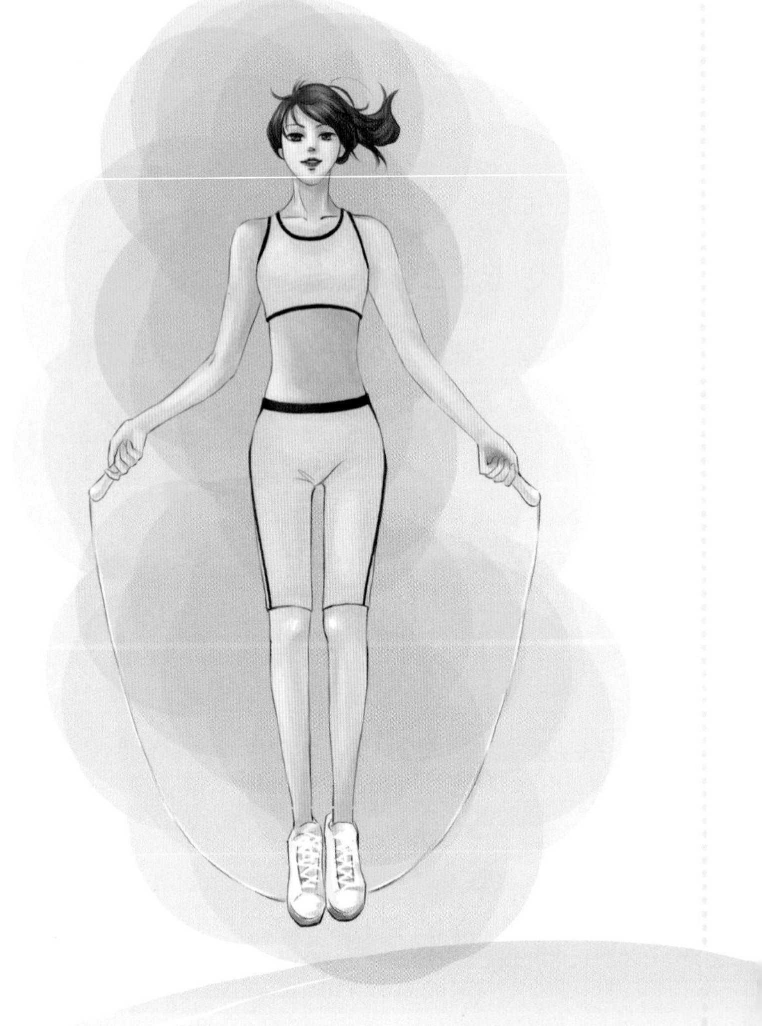

停止下來，應繼續比較慢的速度跳繩或步行一段時間，讓血液循環恢復正常後，才可以停止下來。

- 跳繩時，最好穿上運動內衣，或是選擇支撐力較好的棉質內衣，可以保護胸肌，避免拉傷。
- 飯前和飯後半小時內不要跳繩。

當妳越來越熟練，技術和體力都越來越好後，運動的功效就需隨之加大，若妳能每分鐘跳到一百四十下，那只要跳六分鐘，運動效果就相當於慢跑半小時，而且跳繩後再去慢跑，也會發現自己的肺活量越來越大。

跳繩是受到人們廣泛歡迎的一種運動方式，也是一種良好的減肥運動。其動作簡單，對場地、器材、天氣等的要求較少，各個年齡層的人都可根據自己的身體狀況選擇不同的跳繩的強度。

瑜伽重塑水蛇腰

瑜伽其實沒有想像中那麼複雜，它的獨特之處是在雕塑體型的同時，還可以鍛鍊練習者的毅力。在國外，如美國、歐洲、日本、澳洲等國家，學習瑜伽的人很多，有很廣泛的群眾基礎。在中國，瑜伽的獨特功效也已經被廣泛認識。

介紹兩種瘦身瑜伽，只要每天堅持練習，就會有意想不到的效果。

貓式瑜伽

貓咪們體態柔軟，走路優雅，即使每天睡覺時間很長，也不影響其敏捷的活動。牠們平時的一些生活習性、行為形態以及動作特點和人們平日的生活有著千絲萬縷的關聯，牠們的許多習性、形態和動作都被人們所模仿和借鏡。

每天早晨睡醒後，先不要急著起床。第一步，趴在床上，雙手撐地，慢慢吐氣並像貓拱起脊樑那樣用力拱腰，腹部向內縮

起，下巴盡量向內貼近胸部，摒住呼吸，保持以上動作十～十五秒。然後仰頭吸氣，放鬆雙肩，將腰背下沉使脊柱凹下，同時頭向上仰起，停頓十秒再摒住呼吸十～十五秒後放鬆。第二步，雙手向前伸直，高高地撅起臀部，然後，肩部向前拱，將前胸緊緊地貼近床面，反覆十幾次。

每天清晨伸個懶腰，會引起全身大部分肌肉的較強收縮，在持續幾秒鐘的伸懶腰動作中，很多淤積的血液被趕回了心臟，就可以改善血液循環。同時，腰部肌肉的收縮和舒張作用，也能增進肌肉本身的血液流動，使肌肉內的廢物得以帶走。

強力瘦腰瑜伽

第一式：新月變式——滋養側腰部

第一步：打開雙腳。吸氣，將雙臂水平抬起；呼氣，放鬆雙肩，將掌心翻轉朝下。雙眼平視前方。

第二步：深呼吸，一邊吐氣一邊放鬆右腰，上半身向右倒下。注意向外打開雙肩，身體不要前傾，也不要弓背。感覺身體緊貼一面牆，從後面看，身體應該在一個平面上。感受左側腰部得到拉伸，將注意力放在拉伸的腰上，不要送胯。在腰部拉得緊繃的地方停住，不要勉強自己達到教練的程度，保持十五秒後，慢慢恢復初始姿勢。然後向反方向重複該動作。

特別提示：四組／天。如果可以的話，在練習一段時日後，可以嘗試用手握住腳踝，並盡量保持三十秒後再恢復站姿。

第二式：鳥王式——向前拉伸腰部

第一步：雙腳併攏站立。吸氣，抬起雙臂，掌心相對，左手臂壓過右手臂，肘關節重疊，於胸前環抱，雙手合十。如果雙手無法合十，則右手握住左手手腕處即可。

第二步：抬起左腳，纏繞右小腿，將身體重心置於雙腳之間。右腳趾牢牢抓緊地面。

第三步：調整呼吸，深吸氣挺直背部緩慢下蹲，保持好平衡後，上身向前，讓腹部靠近大腿，感受到腰背的拉伸。保持十五秒後，恢復初始姿勢，反方向進行。

特別提示：一組／天。該組動作不但能夠很好地向前拉伸腰部，同時還能夠擠壓到臟腑部，幫助妳排除體內濁氣及宿便，並鍛鍊下肢力量，培養專注力。

第三式：弓式——活動後腰部

第一步：平趴於地面，下顎輕輕觸地，雙眼微看地面。調整呼吸，彎曲小腿，兩手自外側握住腳踝。

第二步：吸氣，腰部用力，將上半身抬離地面，感覺後腰部得到拉伸。在可以的範圍內，夾緊臀部，雙手用力，拉動雙腿，讓大腿抬離地面，整個身體像一張拉開的弓。頭微微後仰，雙眼睜開注視著上方即可。

第四式：天鵝式——全面收緊腰部

第一步：跪姿，大腿與小腿呈九十度。頭部微抬，平視前方。如圖，兩手掌相併，反方向與手臂呈九十度，小拇指併攏，掌心著地。微微彎曲肘部，令肘部支撐在肋骨下。同時將重心慢慢前移。

第二步：前腳掌著地，調整好呼吸後，腰部用力，重心前移，慢慢向後伸直雙腳，將身體撐離地面即可。

特別提示：三組／天。該組動作有一定難度，剛開始時，最好慢慢嘗試，不要急於求成。尤其是肘關節一定不要伸直鎖死，而是保持適度彎曲，以防止運動損傷。

第五式：貓伸展式——全方位放鬆腰部

第一步：跪姿，大腿與小腿呈九十度。保持頭、頸、脊椎成一條直線。雙眼看向雙掌之間的地面。

第二步：吸氣，腰背下壓，腹部用力貼向地面方向，雙肩下壓，挺胸。頭部後仰，臀部上翹，進而與背部形成向下的弧線，使腰、背部肌肉得到擠壓。

第三步：呼氣，弓背，反方向活動腰椎，同時低頭，下巴盡力靠向胸部，進而使整個身體形成向上的弧線，感受腰背部肌肉的拉伸。

特別提示：三～六組／天。該組動作能有效活動並放鬆整條脊柱，尤其是腰背部。

經過一段時間的鍛鍊，不僅能夠美化妳的腰線，而且也會發現自己的心態也跟著改變。妳會為了美麗而快樂，為了快樂而美麗。

美腰舞曲怎麼跳

源於中東地區的肚皮舞，是一種帶有阿拉伯風情的舞蹈形式，十九世紀末傳入歐美地區，至今已遍佈世界各地，成為一種較為知名的國際性舞蹈。肚皮舞是很好的腰部減肥運動，它能幫妳去除游泳圈。現在流行的肚皮舞有兩種風格，一種是埃及風格，其特點是內斂、含蓄，有宮廷舞蹈的優雅。埃及風格動作幅度比較小，但是很強調對肌肉的控制。另一種是土耳其風格，其特點是動作大膽、奔放、幅度很大，胯部動作非常誇張，而且穿著比較暴露，具有很強的視覺衝擊力。

做為一種優美的身體藝術，肚皮舞透過骨盆、臀部、胸部和手臂的旋轉，以及令人眼花撩亂的胯部搖擺動作，塑造出優

雅、性感、柔美的舞蹈語言，充分發揮出女性身體的陰柔之美。肚皮舞能夠有效全身線條，減去手臂、腰部的贅肉，可以收緊臀肌、平坦小腹。除了瘦腰，肚皮舞還能調節女性內分泌系統，促進盆腔血液流通，對月經不順、痛經等婦科疾病有一定的輔助治療作用。

如腰部受過傷，最好先諮詢一下醫生能不能跳。在運動之前，建議不要喝太多的水。關於跳舞的裝備，要挑選一塊兩公尺長、一．五公尺寬的面紗，能夠使舞者看起來更神祕。戴上項鍊、腰鍊和腳鍊，盡可能地讓身體各部位掛上這些叮噹作響的飾品，會讓舞者顯得更搖曳生姿。穿著露臍小上裝、鑲有亮片的腰巾、低腰裙或燈籠褲。把這些都穿上，就是標準的肚皮舞的裝備。

跳肚皮舞，只要反覆練習八個動作，就能夠達到健身瘦腰的目的。

1.身體像波浪一樣擺動

以腰腹為中心，腦袋先向前探，然後是頸部、胸部和腰部，身體像鑽過一個套圈一樣。從側面看，身體有如波浪，呈現出「S」型。

2.讓胯部左右搖擺

將胯部向上提起，左右活動胯部之後，嘗試用胯部畫一個平躺的「8」字。在運動的時候，用力要均勻，並且不斷地增大幅度。

3.讓腹部抖起來

雙腳打開，與肩同寬。前、後、上、下輕微擺動腹部，隨著腹部的抖動，衣服上的珠片也會隨之飛舞。多做幾次，腹部的贅肉也會慢慢地消失不見。

4. 震掉腰腹的贅肉

透過腿部膝蓋的微曲和抖動來震動腹部與胯部，以腹部為中心晃動身體、跺腳。妳會享受這種震動的感覺，因為隨著腰腹的震動，妳會發現腰肢越來越柔軟。

5. 將胯部甩出去

雙腳併攏，從半蹲狀態到踮起腳尖，以腰腹為支點舞動起來。利用腰部的力量上下提胯，整個身體也會隨之搖擺。

6. 挺起胸部

將下半身固定好，只活動腰部以上的身體。肩部向後仰，努力將胸部送出。雙手放鬆地放在兩側，右腳向前邁一步，拉直左腳，提臀收腹。然後充分向前挺胸，雙臂在身體後側內收。左右晃動身體，保持腰部不扭動，好像妳在不斷長高。

7. 輕鬆的旋轉全身

肚皮舞旋轉的動作是放鬆全身的一種方式，妳可以隨意地轉動身體，但是要注意的是，動作盡可能輕柔一些，讓身體放鬆下來即可，讓上肢來帶動身體；雙腳呈外八字站立，雙手手心向內呈蘭花指，雙眼平視前方，保持呼吸平緩；墊起左腳腳尖，並同時向右前方送胯，重心置於右腳，雙手隨身體自然向右擺動；逆時針方向，向右後方送胯，收腹，身體微微前傾，感覺腰部和臀部肌肉均在拉伸；繼續逆時針轉胯，將胯盡可能送往左後方，並將重心移至左腳，墊起右腳腳尖，身體略向前傾。

最後，回復初始姿勢，反方向再畫一個八字。

開始練習時，最好找一面全身鏡，鏡前練習能幫助妳迅速掌握動作要領，而動作到位效果才會更顯著。在鏡子前觀察力量在運動中的走勢，雙手在身體兩側打開，以腰部的力量帶動上半身向各個方向旋轉，觀察腰部肌肉的變化。

肚皮舞鍛鍊的重點是纖腰和瘦臂，但是與其他有氧運動一樣，只有長期堅持才會有效果。聽著音樂，在節奏中釋放熱情。

除了肚皮舞，水中的有氧舞蹈也能夠取得很好的效果。這種水中舞蹈比較適用於那些身軀比較龐大的人。由於身軀比較肥胖，運動起來負擔較重，對手腳關節也會造成傷害。而在水中進行有氧舞蹈，因為水的密度能承受體重，可以減少傷害。水中的浮力可使人感到體重比在陸地上輕，腰部的負擔下降令運動者沒那麼容易疲勞，可增長運動的時間。每次維持四十五分鐘水中有氧舞蹈運動，即可消耗約三百大卡的熱量。

運動時，最好配合音樂，效果將會更佳。以下介紹一些簡單的水中有氧舞蹈動作供參考：

- 池水盡量不要高過胸部的位置，否則會有氣悶的感覺。手撐在腰的兩側，腳趾緊緊抓住池底。先直立站好，然後下蹲，讓肩膀潛入水中，再站起來，如此反覆數次。注意在做的過程中，保持好身體的重心，不要讓身體向上浮起。
- 手仍然撐著腰的兩側，提起左腳，盡量將腳抬高。放下左腳，換右腳盡力向上抬起，抬得越高越好。

● 像做韻律操一樣，按音樂節奏上下擺動雙手拍打水面，同時奮力在水中跳躍。剛開始時會因水的阻力而使身體難以伸展，必須時常練習使身體慢慢習慣。

● 以十公尺為範圍，在水中左右來回走動。這種運動較不易疲勞，而且可消耗不少熱量。

● 雙手抓著池邊，然後將雙腳左右交互往後踢，背部要保持挺直，臀部至腳尖不可以彎曲。

● 雙手抓著池邊，然後先將左腳當重心坐低，右腳往後拉直，整個動作如同陸上舒展拉筋的動作。做時背部、膝蓋內側及腳盡量伸直，左右腳交互重複此動作。

● 腳尖離地，使身體浮於水中，然後僅以腳踵站立，待身體可以平衡時，以腳踵步行。

水中運動能夠修飾身體線條，使身材更苗條纖瘦。不過注意的是，在下水之前，一定要讓身體得到充分的熱身。

瘦腰專用仰臥起坐

小時候上體育課時，我們都會學習仰臥起坐。仰臥起坐是體能鍛鍊的一個重要環節，能夠增強腹部肌肉的力量，加強腰部的線條。

仰臥起坐的纖腰力量非常驚人，只要堅持做，很快就能看到效果。除此之外，仰臥起坐也可以保護背部，對身體很好。但是仰臥起坐也要掌握正確的方法，方法不得當，可能適得其反。下面教大家正確的仰臥起坐的姿勢。

首先，選擇一處平坦的地面，鋪上地毯或塑膠墊。有人喜歡在柔軟的床上做仰臥起坐，結果發現效果不明顯。這是由於柔軟的床上有彈性，效果會打折。而直接在地板上做，由於比較硬，也會對背部造成傷害。因此，鋪上毛毯或者墊子後，既能達到瘦身的效果，又不會對身體造成傷害。

身體仰臥於地墊上，彎曲膝蓋，成九十度左右，腳部平放在地上。若是伸直雙腳做，會加重背部的負擔。同時，為了加強效果，最好不要固定腳部，例如讓同伴用手按住腳踝，否則大腿和髖部的屈肌便會加入工作，進

而降低了腹部肌肉的工作量。

在做仰臥起坐的時候，各人應根據本身腹肌的力量決定雙手安放的位置。雙手越是靠近頭部，進行仰臥起坐時就越吃力。因此，初學者可以把手靠於身體兩側，當適應了或體能改善後，便可以把手交叉貼於胸前。等到適應後，可以將手放在頭後面。但最好不要把雙手手指交叉放在頭後面，避免用力時拉傷頸部的肌肉。

以前在上體育課時，為了在時間裡完成更多的數量，大家都做得非常快。實際上，這種做法會對腹肌造成傷害。因此，在進行的時候，最好採用緩慢的速度。當身體躺下去的時候，慢慢地吸氣，感受後背脊椎一節一節地放下去。然後，呼氣，將身體升起離地十至二十公分後，收緊腹部肌肉並稍作停頓，然後慢慢把身體下降回原位。

在仰臥起坐的過程中，腹部肌肉只是在開始階段發揮作用，之後便由髖部的屈肌執行任務了。因此，有人喜歡在仰臥起坐的最後階段轉動身體，用右手手肘接觸左膝，左手手肘接觸右膝等動作，不但對增強腹部肌肉力量無多大的幫助，甚至還會讓背部下方因為轉動帶來的壓迫而導致創傷。

還有另一種仰臥起坐的方法：平躺，彎曲起雙腳呈九十度，做的時候上背部離開地面，但下背部仍緊貼地面。此動作只是壓縮腹部，稍停，然後再以腹部肌群的緊縮力控制住，慢慢地使脊柱骨逐漸伸展一下，還原。

在做仰臥起坐的時候，請注意以下要點：

A、在進行過程中，兩手的位置對腹部收縮力的大小有直接影響。

一般有三種不同的方式：

a兩手自然伸直平放在體側（易）。

b兩手交叉互抱於胸前（中）。

c兩手置於頸後（難）。兩手放在頸後，最好不要雙手交叉放在腦後，會對頸椎造成傷害，最佳的姿勢是兩手輕輕地托在頸後耳側，不致產生使頸部向內壓縮的借力動作。

B、在做的過程中，不要一開始就貪多，要注意循序漸進。對初學者來說，每次仰臥起坐的次數以不超過十個為原則（先訓練您腹部肌肉的肌力），每完成一次的仰臥起坐後，應站起或躺下休息，讓腹部肌肉能夠放鬆十分鐘以上。

C、仰臥起坐應該慢慢進行，這樣能加強腹部肌肉的耐力訓練，幫助妳完成平坦小腹、優美腰線的作用。

D、上腹部的肌肉包括腹直肌、腹外斜肌與腹內斜肌。因此，如果仰臥起坐的動作，都是以上半身為主進行時，腹外斜肌與腹內斜肌的訓練效果會受到明顯的限制，只有增加身體的旋轉動作，才可以避免腹肌訓練的不協調狀態。同時，為了避免仰臥起坐過程中，下腹部屈曲髖關節肌肉的負荷過大，進行仰臥起坐時應屈曲膝關節。但是，在這種仰臥屈膝的姿勢下進行仰臥起坐訓練後，反而會限制到下腹部肌肉的訓練效果。因此，對下腹有贅肉的人而言，適當進行屈膝抬腿的動作，能夠確實訓練一下腹部的肌肉，達到訓練上腹部與下腹部肌肉的目的。

關於仰臥起坐的五個錯誤觀念：

錯誤觀念一：仰臥起坐能達到減肥目的。

糾錯：單純依靠仰臥起坐只能達到平腹細腰的效果，因為仰臥起坐直接針對的是腹部肌肉群，長期鍛鍊的效果可能使腹部肌肉力量加強，但是身體其他部位如大腿、臀部等得到的鍛鍊就比較少。因此，對於想要減肥的人士，最好搭配其他的方式才能達到最好的效果。

錯誤觀念二：許多人做仰臥起坐做得又快又猛，認為這樣腹部肌肉才能得到最好的訓練。

糾錯：其實這麼做很容易讓腹部肌肉拉傷，正確的做法應該是雙手交叉抱於胸前，起坐時控制著讓腹部發力。或者加大難度，雙手持重物，以增加鍛鍊效果。

錯誤觀念三：許多人在中途做仰臥起坐的時候，身體會不自然地向某一個方向偏離。

糾錯：這樣做會讓腹部肌肉鍛鍊不均勻，進而造成身材走樣。應該盡量控制起臥的方向，不要偏離直線，而且速度要放慢，來鍛鍊腹部肌肉的控制能力，最好在起來時，將注意力放在腹部肌肉上。

錯誤觀念四：仰臥起坐做的速度越慢，越有鍛鍊效果。

糾錯：速度適當放慢是有助於鍛鍊效果的，但速度太慢的話，效果反而不佳。而最正確的速度，應該是起來的速度快一些，下去的速度要放慢些，這樣效果最好。

錯誤觀念五：大多數人做仰臥起坐習慣將雙手置於腦後，十指交叉。

糾錯：這是仰臥起坐最大的一個錯誤觀念，甚至有一些體育老師都這麼教學生，根本完全是誤導。這樣的手勢，會對頸椎產生負擔，越用力扣住頭，負荷就越大。正確的方法是兩手分別放於兩耳再向內側一點（大約後腦正中間再向外一點）的位置，而且兩手只是輕輕搭在那裡，不要用太多力。

同時，做仰臥起坐時應配合合理的呼吸。在做仰臥起坐時，身體仰臥時應吸氣，向上抬起時應呼氣。如果機械地在仰臥時完成整個吸氣過程，會不利於動作的完成。

初學者要避免一次做得過多次數的仰臥起坐，最初進行時可以嘗試先做五下，然後每次練習加多一下，直至達到十五下左右，這時便可嘗試多做一組，直至到達三組為止。

腹部清脂大作戰

腰腹部的減肥已是老生常談，其關鍵是要進行局部的運動訓練才能起到效果。腰腹部運動可以減少脂肪，增加腰部肌肉的彈性，達到纖纖細腰的目的。

本節主要為大家介紹一些可以快速瘦腰腹的運動：

四十五天快速平腹法

首先，熱身一下，等到全身微微出汗後，用保鮮膜圈捆腹部五～六層。平躺在地上，彎曲雙腳，做十個仰臥起坐，收緊突出的胃部。然後，固定上身不動，雙腳抬起做屈伸腿，能夠幫助收緊和減去整個下腹圍。第三步，做各種腰部轉體練習。最後，揉捏腹部，「驅趕」脂肪。要想腹部盡快去脂，再腹部運動後再以順時針和逆時針做環形按揉各一百次，「驅趕」脂肪，促進脂肪代謝。

由於脂肪一般只有在三十分鐘後才能被消耗，因此，要消除局部脂肪，最好的辦法就是在全身運動後進行局部的針對訓練。

腹部拉伸法

平躺在地板上，雙腳彎曲，將雙腳平放於地。手放在頭後面，支撐頭部，打開雙肘。

用腹肌的力量抬起雙肩，同時抬起臀部離開地面少許。切記不要用手指強行拉動頭部。堅持數到五下，再慢慢放下肩膀和臀部至地面。如果覺得同時抬起肩膀和臀部比較困難的話，可以嘗試先抬肩膀，再抬臀。

如果覺得脊背比較痠痛的話，可以將腳放在長凳上，但仍然要將背部緊貼地面。

為了增加難度，可以上舉雙腳，使膝蓋和髖關節彎曲成九十度。然後同時彎曲身體的上下部，使肘部碰到膝蓋。

蹲馬步扭腰法

半蹲馬步，雙手握拳，雙肩與雙肘彎曲九十度分置身旁，拳頭朝上，保持上半身姿勢，只轉動腰腹部向左右，每秒轉動一次，嘴巴張開放鬆，讓肺部空氣自然進出。微蹲馬步，固定髖關節和下肢，上半身也保持姿勢，只轉動腰腹部，可訓練腹斜肌，並擠壓按摩結腸大腸，以幫助大便成形、排出。

細腰三法

側躺在地板上，一隻手臂彎曲，用手肘支撐身體。身體保持挺直，然後腰部用力下向，使整個身體接觸地面，停頓數秒，再拉起。重複此動作二十次。

站立，雙腳分開比肩寬，兩臂水平打開。然後扭腰向下，右手摸左腳腳面，直立，換左手動作。此動作重複十次。

站立，雙腳分開。兩手交叉，平端於胸前，保持背部挺直。然後向兩側拉伸腰部，動作要緩慢，注意幅度，不要拉傷。重複此動作二十次。

高踏步瘦腰操

右手放在頸後，左手手心拍打後腰，同時配合左膝盡量向右上方抬高，頭轉向左邊。身體保持挺直，換邊再做。輕拍頸部、腰部，有助副交感神經的活化作用。上身挺直有助胃部排氣，消除脹氣。高踏步運動，利用髖關節大腿對腹部的刺激，協助腹部腸子的按摩蠕動，有利排便。

睡前一分鐘瘦腰操

每天睡覺前，在床上練習一分鐘，持續兩星期就會看到效果！

飛魚瘦腰：臥躺在地面上，雙臂後伸，同時雙腳也向上抬起。注意，手肘和雙腳都保持平直。將所有的力量都集中在臀部肌肉，停頓五秒鐘，再慢慢地放下來。此動作對全身的肌肉都有提升的效果，是瘦身效果極其突出的姿態訓練，重複四～五次。

練成水蛇腰：側躺在地面，右手按住地面，將身體由背脊到臀部上挺，然後慢慢把身體放下。臂部只輕輕挨著地面，靜止五秒鐘。等到熟練後，可以將手放在胸前，靠腰部的力量來進行。此動作能鍛鍊腰部外側，幫助消除多餘的贅肉，重複四～五次。

貼心示警：一分鐘瘦腰操最好在洗澡後進行，因為洗澡後肌肉處於鬆弛狀態，不會產生由於肌肉纖維損傷造成的拉傷情況。在做的時候，動作盡量放慢，處於固定姿態時，肌肉才能得到鍛鍊。

清晨瘦腰操

躺在床上，用兩手抓住頭上方的床沿，或者用兩臂按住身體兩側的床面，膝伸直向上舉腿。舉的時候稍快，回落的時候稍慢，做二十次。

仰臥在床上，兩手抓握頭上方的床沿。腰以下的部分向左轉體成側臥，稍停。再向右轉體成側體。左右各練習二十次。注意自然的呼吸，當腰以下的部分轉體時，肩和兩臂不能移動。

仰臥在床上，兩手抓握頭上方的床沿。兩腳屈髖上舉，左右腳交替屈伸。自然呼吸，兩腳各做二十次。

仰臥床上，屈膝，膝蓋併攏，兩腳分開略比臀寬，兩臂伸直放在體側，掌心向下。將身體的重心移到肩部，用肩部支撐，吸氣抬臀，稍停。呼氣，慢慢將臀部放下。重複練習二十次。

以上方法是要長期堅持的，但如果沒有足夠的耐心，就會很難看到效果的。

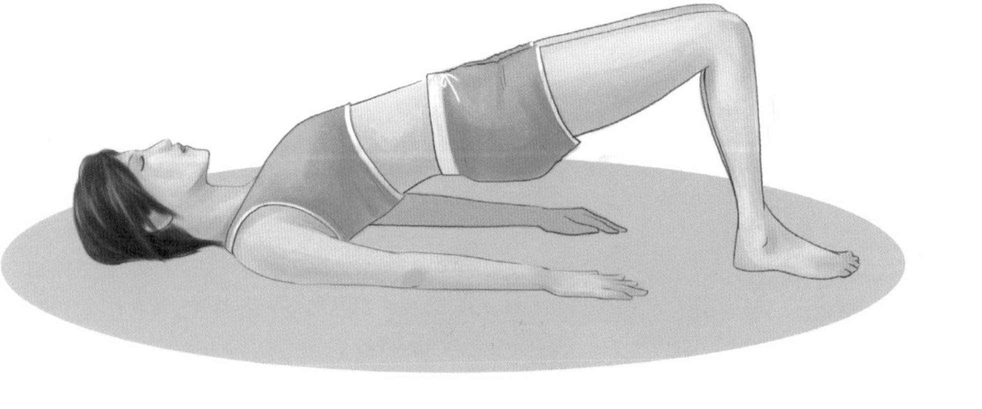

做對氣功有奇效

中國氣功歷史悠久，源遠流長，根據古代醫書及哲學書籍文字記載追溯，已有兩、三千年的歷史，有關氣功養生、治病、健身方面文獻有數百種之多，在民間流傳的也有很多。

做為中國醫學寶庫的瑰寶，氣功其獨特的自我身心鍛鍊方法，結合醫療與體育，達到輕身健體的目的。

氣功名稱是近代大家久已習慣的俗稱，它包括了導引、吐納、行氣、服氣、調息、靜坐、養生、坐禪或內功等。近年來的生物回饋療法、默想療法、呼吸自我訓練、放鬆療法、資訊療法、自制療法等，都是在氣功基礎上發展而來。瑜伽則是印度的氣功。

我國第一部醫書《黃帝內經》曾經對氣功有很詳細的論述。書內記載「恬淡虛無，真氣從之。精神內守，病安從來」，就是指氣功治病、防病的作用。相傳華陀的學生吳普、樊阿按照此方法鍛鍊，分別活到九十多歲及一百多歲，而且耳聰目明，牙齒完好。

以下介紹一套氣功瘦身的方法：

第一式：起勢調息

- 自然站立，兩腳與肩同寬，兩手自然下垂。
- 慢慢向前平舉兩臂，兩手稍高於肩，手心向下，同時吸氣。
- 上身保持平直，兩腳屈膝下蹲，兩手輕輕下按，直到與肚臍平，掌心向下，同時呼氣。

第二式：開闊胸懷

- 將下按兩手平行上提至胸前，膝關節逐漸伸直，翻掌，掌心相對，平行向兩側拉至盡處，做擴胸動作，同時吸氣。
- 將兩側的手平行向中間靠近到胸前，將兩掌心改為向下，在下按過程屈膝，同時呼氣。

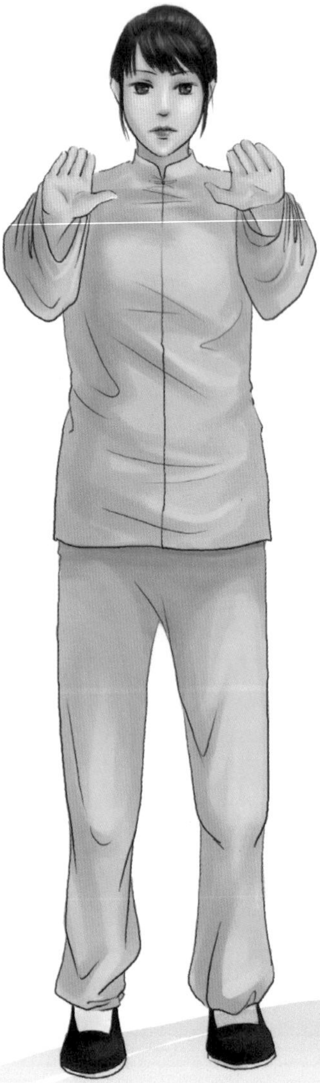

第三式：揮舞彩虹

● 將下按兩手平行上提至胸前，這時膝關節逐漸伸直，兩手繼續上升至頭頂，兩臂向上伸直，兩掌心朝前，同時吸氣。

● 重心向右腳移動，右腿微屈，左腳伸直，以腳尖著地，左手從頂向左側，伸直平舉，掌心向上，右手肘關節在右體側彎曲成半圓形，右掌心朝下繼續吸氣。

● 重心向左腳移動，左腳微屈，右腳伸直，以腳尖著地，右手從頭頂向右側，伸直平舉，掌心向上，左手肘關節在左體側彎曲成半圓形，左掌心朝下，同時呼氣。

第四式：輪臂分雲

● 重心移至兩腳之間，兩腳成馬步，兩手下放，交叉於小腹前，右手掌心疊於左手背上。

● 雙手分開，從體側舉至頭頂上方，雙掌托天，同時吸氣。

● 兩臂同時從上向兩側降下，兩手掌心向下，逐漸交叉置於小腹前，肘關節微屈，同時呼氣。

第五式：定步倒卷泫

● 站好馬步，左手往前上方伸，右手由下向後上方畫弧平舉，腰往右轉，目視右手，同時吸氣。然後提右臂屈肘，掌心朝前，經耳側向前推出，同時呼氣。接著，左手向胸前收，剛好與右手小魚際肌相擦而過。

● 左手由下向後上方畫弧平舉，腰往左轉，目視左手，同時吸氣。然後提左臂屈肘，掌心朝前，經耳側向前推出，同時呼氣。接著，右手向胸前收，剛好與左手小魚際肌相擦而過。如此左右手交替進行。

第六式：湖心划船

● 當左手推掌在胸前與右手相擦之際，將兩手掌朝上，經腹前由下向上畫弧。兩臂向上伸直，掌心朝前，同時吸氣。

● 彎腰，向上伸直的雙手隨之向後下方畫弧，同時呼氣。

● 當兩手在後下方盡處時，逐漸將腰伸直，兩側的手向外側畫弧上舉，掌心朝前，同時吸氣。

第七式：轉體望月

兩腳自然站立，兩手分放身旁，兩臂向左後上方揮動，上身向左轉動，目視左後上方如望月，同時吸氣，然後返回自然站立姿勢，同時呼氣。

兩臂向右後上方揮動，上體向右轉動，目視右後上方如望月，同時吸氣。然後返回自然站立姿勢，同時呼氣。

第八式：轉腰推掌

- 站好馬步，兩手分放在兩腰旁，左肘併節後拉，上體向左轉動，右手向前推掌，同時呼氣，然後返回原姿勢，同時吸氣。
- 上體向右轉，左手向前推掌，同時呼氣然後返回原姿勢，同時吸氣。

第九式：撈海觀天

- 接上式，左腳向前跨半步，彎腰呼氣，兩手在左膝前交叉。上體後仰，吸氣，雙手分開上舉，過頭頂後掌心相對，仰頭觀天。

第十式：飛鴿展翅

- 站立，兩手前伸，掌心相對，右腳向前邁半步，兩手往兩側拉至盡處，同時吸氣。
- 接著左腳向前邁半步，將兩側的手臂往胸前收攏，掌心朝上，同時呼氣。

第十一式：伸臂沖拳

- 右手先出拳呼氣，收回原處吸氣。

● 左手出拳呼氣，收回原處吸氣。

第十二式：大雁飛翔

● 深蹲，盡量蹲低，兩手下按，像大雁飛翔樣子，同時呼氣。

● 逐漸站起，兩手隨勢上提，同時吸氣。

第十三式：環轉飛輪

● 兩臂上伸，沿左、後、右、前方向轉腰，臂隨腰轉，雙手向左側舉到頭頂時，同時吸氣。手從頭頂向右時呼氣，連續重複三次。

● 改變環轉方向，動作相同，做三次。

第十四式：踏步拍球

● 提左腳，右手在右肩前做拍球動作，同時吸氣。

- 提右腳，左手在左肩前做拍球動作，同時呼氣。

第十五式：按掌平氣

- 兩手指相對，掌心向上，從胸前上提到眼前同時吸氣。
- 翻掌兩手指相對，掌心向下，從眼前下按到小腹前，同時呼氣。

注意事項：以上每式均練習六次，一吸一呼算一次。動作要均勻、緩慢，用鼻吸氣，用口呼氣。

家事勞動不是隨便做的

如果妳總是期望像電視上的那些有氧練習專家一樣抽出大量的時間來進行鍛鍊，卻總是被孩子或父母佔據了時間而無法進行時，何不嘗試著利用平時的家庭活動來實行苗條計畫呢？

其實，即使是一點輕微的動作也能消耗多餘的熱量，例如以下是消耗一百五十卡的十種方法：

1、熨燙衣服六十八分鐘。

2、做飯四十八分鐘。

3、擦窗戶或者擦地板四十五～六十分鐘。

4、輕鬆地搖擺著走路三十六分鐘。

5、拖地三十六分鐘。

6、購物三十六分鐘。
7、大掃除三十四分鐘。
8、整理花園三十～四十五分鐘。
9、跳繩十八分鐘。
10、爬樓梯十五分鐘。

因此，在居家生活中多做一些小運動，也能夠加速妳的瘦身計畫：

收拾床鋪時，只要稍微把這些動作加強一下，就可以為妳的減肥計畫起到意想不到的作用。上半身俯在床上，雙手蛙泳式在床上緩慢地划動，盡量伸展上肢。記住，在動作過程中要試著深呼吸，並且要加強肩和上臂的力量，這樣才會有好的效果喔！晚上鋪好床鋪後，先平躺在床上，臀部在床沿外，雙腳抬起平伸，雙腳抵住牆面（或者搭在椅子等支撐物上，高度與床同高），呼氣時雙腳繃直，腹肌用力，收緊臀部，吸氣，放鬆。每天一分鐘，對收緊大腿、臀部和腹部很有效果。

在家走路的時候，半踮起腳來，想像自己在跳芭蕾舞。這樣可以消耗更多的體力，還能讓妳的腿部曲線更漂亮。

即使在家裡勞動，也可以經常換穿高跟鞋和球鞋，鍛鍊小腿部位的所有肌肉。

在刷牙、洗盤子或站立著做家事的時候，踮起腳尖來鍛鍊小腿，幫助消耗更多的熱量。

自己親手清洗家裡的衣服，儘管現代化的洗衣設備已經解放了我們的雙手，但是手洗衣服可以消耗更多的熱量。記住，洗完後，自己把衣服晾到繩子上，而不是拿去烘乾。因為，晾曬衣服可以把雙手高高舉過頭頂，是個很好的運動機會。

做飯時總會有一、兩分鐘的空閒時間，可以趁這時在廚房裡腳尖快速跳三十下、扭扭身子，消耗腰部脂肪。

上街購物時一整天都不搭乘任何交通工具：既可讓眼睛享受欣賞櫥窗的樂趣，腳下也不知不覺走了許多路。

上網時，也不妨來點小動作，收緊腹部，晃晃肩膀，扭扭身子，雙手向後用力伸展，緩解疲勞又有助減肥。下半身可以旋轉腳踝，也可以讓背部靠在椅子上，雙腳懸空抬起停留十秒鐘，對減少腹部和大腿脂肪很有效果。

飯後三十分鐘一定不能坐下看電視，走來走去收拾屋子最好，還可以洗碗，清理廚房，既不至於影響消化，又能預防脂肪堆積。

在超市裡購買物品的時候，試著不要用手推車，只提大籃子來裝自己想要的東西，能夠鍛鍊我們的手臂。

在上廁所時，不要直接坐下去，離坐墊幾公分並保持平衡，可以鍛鍊大腿肌肉。

當時間比較充裕的時候，選擇走樓梯。電梯和手扶梯只會降低身體熱量的消耗，而爬樓梯讓我們的腿部在一抬一抬間得到了充分的鍛鍊。如果採用前腳掌爬樓，則會強化小腿的線條，加速脂肪的燃燒。

隨時隨地記得收小腹，一天至少要記得做十次。

種花草時，不要傾身向前，隨時以膝蓋彎曲的蹲姿來保持平衡，怡情養性之餘又能得到充分運動。

在看電視的時候，嘗試著扭動身體來活動腰部的肌肉。

拖地板是個非常好的全身運動，每小時可以消耗約二十二克脂肪，而趴在地上用布擦地板，可以緩解久坐帶來的腰部疲勞。

和孩子們一塊兒玩，既能增加與孩子之間的感情，也能消耗身體裡多餘的熱量。

如果妳擁有一隻可愛的小狗，經常帶狗出去跑步，妳越常去遛狗，就能減掉越多過量的脂肪。

洗澡的時候認真地擦洗全身，是一個非常好的減肥運動，不僅有利於脂肪的分解，還兼有促進血液循環的按摩效果。

打電話時要站起來，而且不停地交換兩腳的重心，或者左右晃動身體。

在瘦腰期間，記住要早睡早起，不要總賴在床上。只要做到以上這幾點，相信妳很快會擁有瘦腰，變成一個美麗勤勞的主婦。

美腰平腹，從呼吸開始

正確的呼吸方式應該是腹式呼吸法，當我們小的時候，基本上採用的都是這種方式。注意觀察睡著的小孩子，腹部會隨著呼吸上下起伏，因此，他們嚎啕大哭時，聲音格外洪亮，而且沒有嘶啞之感。隨著年齡的增長，大多數人都採用喉嚨呼吸，這種呼吸方式最大的特點就是比較「偷懶」，不需要動用腹部的肌肉，因此也不利於瘦身。

在瑜伽功法中和氣功中，都有關於呼吸瘦腰的介紹。許多女性體重正常，但是一摸肚子，卻是一大層的肥肉。這與飲食習慣和長期伏案而坐有很重要的關係。其實利用呼吸，就可以達到減腰腹肉肉的目的。呼吸瘦腰的方法適合兩類人群：一是有便祕、消化不良的女性；二是氣虛、體力不佳、不能持續長期體能鍛鍊的女性。

首先介紹瑜伽腹式呼吸，腹式呼吸其實很簡單。從外觀上看，當吸氣時，肚皮也會隨之鼓漲；當呼氣時，肚皮也隨著凹下。在呼吸時，不要打開胸腔，嘗試以腹腔進行呼吸。在吸氣的時候，妳可以感受到腹腔向內和向上提收，充分吸氣後停頓一下再慢慢地呼出。這個呼吸方法能刺激腸胃蠕動，促進體內廢物的排出，順暢氣流。平時走路和站立的時候都用腹式呼吸，開始幾天可能會很辛苦，但是只要幾個星期，不但小腹會趨於平坦，就連走路的姿勢也會變得迷人起來。

剛開始的時候，每天上午和晚上各花三十分鐘進行腹式呼吸，注意不要刻意地去吸和呼，跟平時呼吸方式改變一下就可以了。慢慢養成習慣，這樣肚子和腰上的多餘脂肪就慢慢消失不見了。

另外，吹口哨、吹口琴、吹氣球等也是腹式呼吸法的另一種形式。這種方法簡單易行，如每日堅持下去，能消除腹部脂肪、排除腹部廢物、改善腹部血液循環等。而且，吹口哨、吹口琴、吹氣球等，能比一般的呼吸方式吸入更多空氣，讓身體獲得更多的氧氣，不但能鍛鍊臉部肌肉，進行臉部按摩，有抗衰老的美容效果，而且邊吹口哨和吹口琴還能一邊享受音樂，愉悅身心。

在瑜伽功法中，腹式呼吸法是很多練習者偏愛的一種方法。下面介紹瑜伽腹式呼吸的方法。

第一步：盤腿而坐，可以隨意一些，按照自己舒服的姿勢來坐，雙手放在膝蓋上。

第二步：正常的呼吸，摒除一些雜念，將意識集中於丹田的位置。

第三步：緩緩吸氣，感覺自己腹部慢慢向外鼓出，有氣體充於其中，肚子膨脹如同氣球，停頓幾秒。

吹口琴

第四步：吸氣完全後，緩緩呼氣，腹部向體內收縮，感受肚皮緊貼脊背。注意吸氣和呼氣都要緩慢溫和，有一定的節奏，不要時快時慢。將氣息完全呼出後，動作結束，再次重複。

腹式呼吸不受時間和地點的約束，一般練習五到十分鐘都可以，而且隨時都能進行，非常方便。腹式呼吸法不僅可以收縮腹橫肌，長期堅持就可以減去腰腹的多餘贅肉，而且由於腹式、胸式呼吸法能影響人體腦部神經對人攝取食物慾望的控制，防止過度進食，特別是對那些油膩食物和脂肪較多的肉類食物。十五天就可以見效。一般堅持十五天，就能見到效果。

在腹式呼吸的時候，注意以下事項：

- 在進行腹式呼吸的時候，注意胸部不要起伏。盡可能地放鬆全身，將所有的注意力放在呼吸上，彷彿身體其他部分不存在一般。
- 呼吸的過程中，不要憋氣，順著正常的節奏保持氣息的順暢。
- 穿著寬鬆、對身體沒有束縛的服裝，如果可以，盡量不要穿內衣。
- 避免在飢餓的時候或者剛剛吃完飯時練習。

氣功的呼吸功法與瑜伽功法有相似之處。對於初學者，仍然保持原來自然呼吸頻率和自然習慣進行呼吸方法，隨著練習的深入，逐漸減慢呼吸的次數，增加呼吸的深度，達到勻、緩、細、長。注意，在呼吸的時候不要憋氣，勉強拉長呼吸，而需要在自然呼吸的基礎上達到深呼吸要求。

氣功的腹式呼吸法包括順呼吸和逆呼吸法兩種。在吸氣時，膈肌下降，腹部隆起；而呼氣時膈肌上升，腹部內陷，稱順呼吸法。在吸氣時收縮腹肌，腹部內陷，小腹隆起；呼氣時小腹部收縮，腹部放鬆，稱逆呼吸法。在練氣功減肥的腹式呼吸過程中，當腹部內陷時，一定要注意收腹，盡量將腹肌向脊柱方向收縮。

氣功腹式呼吸方法，一般適合坐姿和臥姿練功者，身體比較好的可以進行站姿呼吸。平時是腹式呼吸的人要練腹式逆呼吸法，而平時是胸式呼吸的人，就要從腹式順呼吸法練起，慢慢地再去練逆呼吸法。每次十~二十分鐘後就要回復自然呼吸，不然呼吸肌會疲勞。

這些都是需要長期堅持的工夫，不是一、兩次或者十天、半個月就可以達成。任何事情，都是堅持越久，好處越多越明顯。

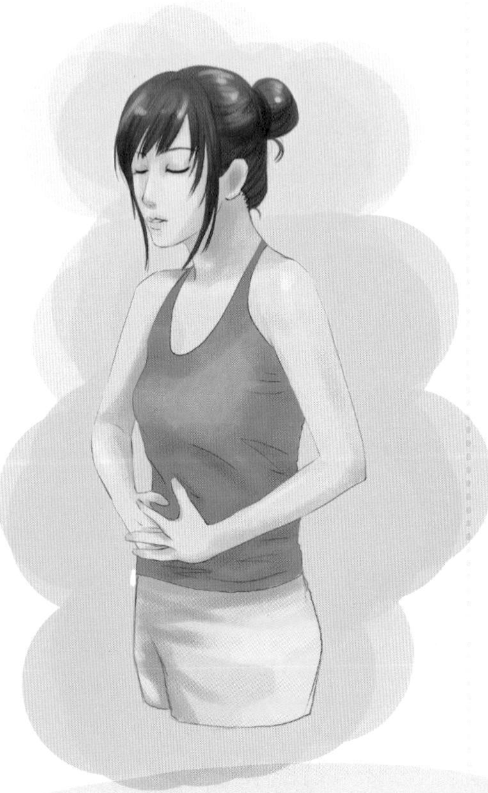

運動錯誤觀念妳知道幾條？

運動在瘦腰中所發揮的作用是其他任何方法都無法取代的，而有氧運動則能發揮最大的效力。有氧運動，指的是持續性長、耐力高的運動，例如慢跑、游泳等。所謂「有氧」，即是在這種狀態下，人體吸入的氧是正常狀態下的八倍。長期堅持有氧運動，能增加體內血紅蛋白的數量，提高機體抵抗力。大腦皮層的工作效率和心肺功能也得到了增強，因此加速了脂肪消耗，降低了心血管疾病的發病率。

但是運動不當的話，不僅不會達到瘦腰的目的，有時候反而會對身體造成傷害。因此，我們有必要瞭解運動中的錯誤觀念，避免不必要的傷害。

錯誤觀念一：每次堅持三十分鐘慢跑可瘦身。

只有運動持續時間超過大約四十分鐘以上，人體內的脂肪才能被動員起來與糖元一起發揮功能。在運動時，首先釋放能量維持人體活動的是人體內儲存的糖元。只有在運動三十分鐘以後，脂肪才會被調

動起來，大約運動六十分鐘後，運動所需的能量才是以脂肪為主。因此，短於大約四十分鐘的有氧運動無論強度大小，脂肪消耗均不明顯。

錯誤觀念二：運動量大的運動可以加速瘦身。

運動量大時，人體所需的氧氣、營養物質及代謝產物也就相對增加，這就需要心臟加強收縮力和收縮頻率。做大量運動時，心臟輸出量不能滿足肌體對氧的需要，使肌體處於無氧代謝狀態。無氧代謝運動不是動用脂肪做為主要能量釋放，而是靠分解人體內儲存的糖元做為能量釋放。因此，在缺氧環境中，脂肪不僅不能被利用，還會產生一些不完全氧化的酸性物質。血糖降低是引起飢餓的重要原因，短時間高強度的運動後，血糖值降低，人往往會食慾大增，反而更易增肥。

錯誤觀念三：運動強度越大，運動越劇烈，瘦身效果越好。

其實，只有持久的小強度有氧運動才能使人消耗多餘的脂肪。這是由於小強度運動時，肌肉主要利用氧化脂肪酸獲取能量，使脂肪消耗得快。運動強度增大，脂肪消耗的比例反而相對減少。因此，輕鬆平緩、長時間的低強度運動，或心律維持在一百～一百二十四次／分鐘的長時間運動，最有利於減肥。

錯誤觀念四：快速爆發力運動。

人體肌肉由許多纖維組成，主要可以分為：白肌纖維和紅肌纖維。在進行快速爆發力鍛鍊時，得到鍛鍊的主要是白肌纖維，白肌纖維橫斷面比較粗，因此極其容易發達粗壯。因此，身體會越練越壯。

錯誤觀念五：只要多運動，便可達到減肥的目的。

運動雖能消耗人體內的熱量，但僅靠運動減肥效果並不明顯，有研究指出，即使每天打數小時網球，但只要多喝一、兩瓶易開罐飲料或吃幾塊餅乾，辛辛苦苦的減肥成果即可化為烏有。因此，想要獲得持久的減肥效果，除了從事運動物外，還應從飲食上進行合理調控。

錯誤觀念六：空腹運動有損健康。

人們總擔心空腹運動會因體內儲存的糖元大量消耗而發生低血糖反應，對健康不利。有研究顯示，飯前一～二小時進行適度運動，如定量步行、跳舞、慢跑、騎自行車等，有助於減肥。這是由於此時體內無新的脂肪酸進入脂肪細胞，較易消耗多餘的、特別是產能的褐色脂肪，減肥效果優於飯後運動。

Chapter 6

「造」出來的小腰精

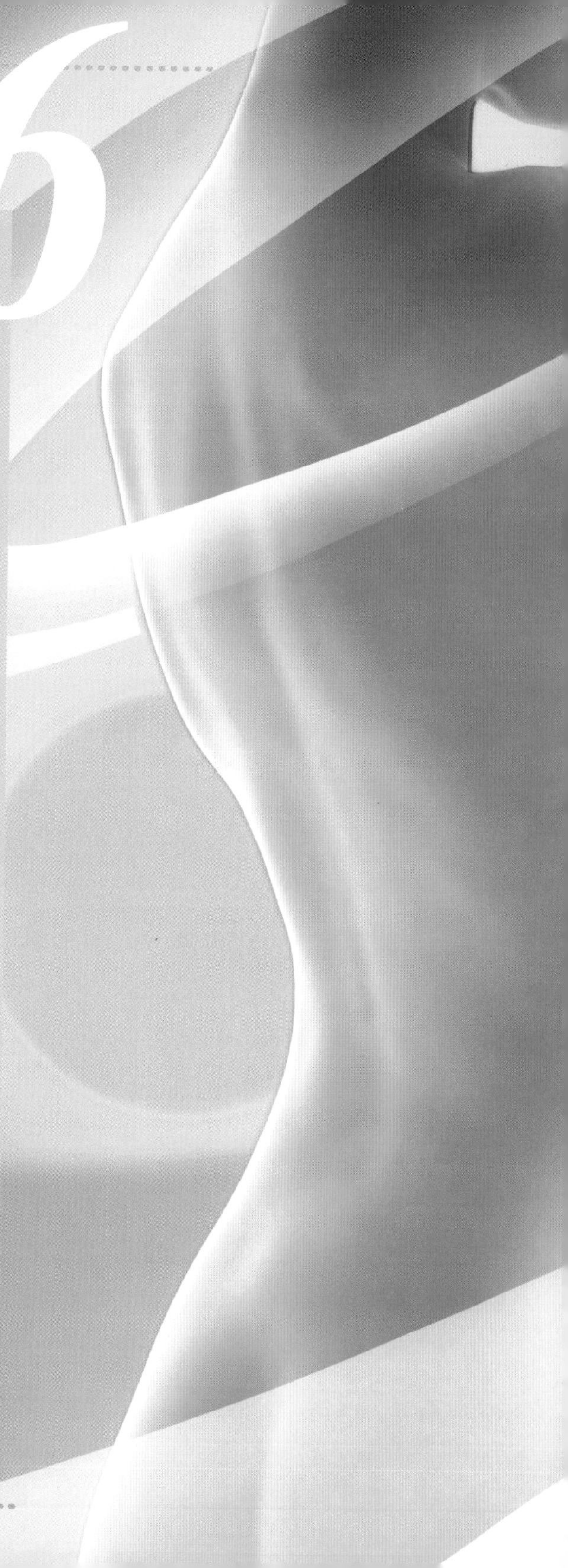

優美腰線抽出來

身為女性，即使胸部不夠豐滿，臀部不夠翹，只要腰部有曲線，視覺上就會給人曲線玲瓏的美感。在正常情況下，腰圍和臀圍的比例應為〇．七二，許多超級美女的腰圍甚至僅為臀圍的三分之二（即〇．七五）。對女性而言，腰腹部最容易囤積脂肪。透過良好的飲食習慣、適量的有氧運動，能夠讓女性的腰身變得更為纖細。但即使透過這些方法也不能讓妳達到滿意的比例，或許藉助一些物理方法是最好的選擇。

抽脂瘦身是一種讓身體變得玲瓏有致的最快速的方法，其效果立竿見影。在身體比較肥胖的部位，透過手術抽取皮下脂肪，能夠達到局部瘦身的效果。

在介紹抽脂之前，讓我們先來瞭解人體肥胖與脂肪之間的關係。一般來說，一個人的肥胖程度與兩個因素密切相關：脂肪細胞數量和體積。人在成年以後，脂肪數量會保持穩定，當攝取了過多的油脂、糖分之後，脂肪體積會增大。一般的減肥方法只是減小了脂肪細胞的體積，當生活習慣或飲食恢復以往的水準時，飢餓的脂肪細胞會拼命地吸收更多的營養，反而會反彈，甚至體積變得更大。而抽脂則是以減少脂肪細胞的數量來獲得局部瘦身的效果。大量脂肪細胞減少後，剩餘的脂肪細胞體積再增大也很有限，所以，反彈的可能性很小。

脂肪抽吸術經由皮膚小切口吸取皮下堆積的脂肪組織，是國內外比較流行的體型雕塑術。目前常見的脂肪抽吸術主要包括三種：

負壓抽脂術

也叫膨脹抽脂術，是注射大量含有麻醉劑的膨脹液，使脂肪細胞充分地腫脹直至破裂，再利用負壓將脂肪吸出。負壓抽脂術吸脂量大，手術效果非常明顯，而且切口很小，只有三～五公釐。手術結束後，一～兩天內，可能會有殘餘的脂肪或者膨脹液從傷口中排出，所以需要留院觀察。

超音波抽脂術

超音波吸脂是透過超聲發生器產生一定頻率的超音波，利用超音波震盪產生的「空穴效應」將減肥部位的脂肪細胞或脂肪顆粒擊碎，然後排出體外來達到減肥的效果。此瘦腰方法的操作過程是在腰部注射一種麻醉複合浸潤液，具有止痛和利於脂肪破碎的雙重作用，然後利用超音波的能量破壞脂肪細胞，再透過負壓吸出脂肪組織。超音波抽脂術的優點是失血量非常少，基本上不會影響組織血管。

電子抽脂術

電子抽脂術的原理是從微小切口，將兩根電極切入皮膚進入皮下脂肪，透過電場作用產生一定波長的高頻電場，將脂肪團破壞掉。當脂肪細胞粉碎後，脂肪酸會溢出來與麻藥形成一種乳劑，要設法吸出或用手擠出。電子抽脂術需用負壓引流三～五天，而且在接下來的一個月切口處都必須包紮。由於脂肪細胞抗感染能力差，這樣的瘦腰方法術後應使用抗生素。

雖然抽脂方法很多，但其核心技術都是負壓，而超音波和電子術都是為手術提供有益的幫助。脂肪被吸出後，腰部會有三～六週的水腫時間，都是屬於正常現象。腰部抽脂完後，要穿上束身衣，堅持三個月到半年左右，幫助皮膚塑形，縮短恢復期。在飲食上，一般沒有特別的禁忌，只是在一週內最好不要吃辛辣的食品。

抽脂對醫生有較高的要求，因此最好選擇在正規的醫院進行手術。此外，並不是所有的人都適合抽脂瘦身。

首先，想透過抽脂達到減肥目的人不適合抽脂。抽脂手術只能消除身體局部的脂肪，主要目的是改善身體曲線。過於肥胖的人，應該詢問醫生或者營養專家，尋求正確的減肥方法。而且，美國的一項最新研究發現，抽脂手術雖然能夠幫人減輕體重，對於由肥胖引起的健康問題沒有任何的預防和改善的作用。

其次，皮膚有感染或者腰腹部有疤痕的人，不適合做抽脂手術，患有高血壓、冠心病等內科疾病的人也不適合做這類手術。儘管抽脂手術沒有明確的年齡限制，所以一般的抽脂年齡為十八～五十五歲。

最後，儘管抽脂手術是相對較安全的一種手術，但仍然很難避免併發症的情況。一旦出現併發症，便很難治療，甚至會導致腹部出現凹凸不平的情況。據統計，在美國，即使是接受由合格美容外科手術醫師進行的抽脂手術，大約五千人中也會出現一人因手術併發症導致死亡。

所以，在進行抽脂手術之前，一定要有充分的心理準備，並且徵求專業醫生的意見。假如自己的身體很差，最好慎重，不要輕易的進行嘗試。

古老針灸術的美麗應用

針灸瘦身的效果被越來越多的人所認識，甚至在國外，也有很多人開始癡迷於中國古老的針灸術。與抽脂瘦身不同，針灸並不是直接作用於脂肪，而是經由調整肥胖者的神經及內分泌功能間接達到瘦身的目的。

做為中華民族的寶貴財富，針灸瘦身有著獨特的療效。許多瘦身方法都是單純的減去身體脂肪，而針灸瘦身是尋找出人體肥胖的真正原因，並進行調整來達到瘦身的目的。有學者甚至宣稱針灸瘦身是目前最有效的一種瘦身方法，尤其適用因內分泌失調引起的肥胖、單純性肥胖等問題，可以達到治病瘦身雙重效果。針灸瘦身法的基本原理包括以下三個方面：

首先，針灸能夠有效促進脂肪的新陳代謝。據研究，肥胖症患者身體裡的過氧化脂質高於正常人。經由針灸打通人體穴位後，能夠減少人體中的過氧化脂質的含量，使脂肪新陳代謝加速，達到瘦身的目的。

其次，針灸瘦身法能夠抑制食慾和腸胃代謝功能。大部分人胖的原因是管不住自己的嘴，其實一直有想吃的慾望也是一種病態。針灸可以透過對神經系統的調節，有效抑制胃酸的分泌，減緩胃的排空。當人處於飽的狀態，食慾也會慢慢下降。

最後，針灸能夠有效調節內分泌的紊亂。許多生完小孩的婦女會有這種感受，明明生孩子前自己很瘦，生完後卻怎麼也瘦不下來，主要原因是內分泌受到了破壞。據研究，單純性肥胖者體內的5-羥色胺含量高於正常水準，導致其消化、呼吸和內分泌機能的紊亂。針灸能降低其外圍的5-羥色胺，使生理功能恢復正常。針灸瘦身的原理是從刺激經絡腧穴來調整下丘腦——垂體——腎上腺皮質和交感——腎上腺髓質兩大系統功能，促進新陳代謝，增加人體能量的消耗，消除囤積的脂肪。在刺激腧穴、調整經絡的過程中，還可以增強脾腎功能，袪除停滯於身體的邪氣。

由此可以看出，針灸其實是在幫助我們改掉一些不良飲食習慣，和治療一些導致肥胖的身體疾病。例如，對產後女性及更年期肥胖者來說，針灸減肥主要是幫助治療內分泌失調，

對年輕女性來說，主要是幫助控制食慾。而針灸之所以達到瘦身的目的，原因在於調節我們的身體，消耗多餘的脂肪。如果在針灸過程中，仍然堅持暴飲暴食的生活習慣，攝取的熱量遠遠高於消耗的熱量，肯定達不到瘦身的目的。針灸療程結束後，養成良好的生活飲食習慣，才能有有效的防止反彈。瘦身結束後，若立刻恢復原有的大吃大喝狀態，體重就會馬上反彈回來。

此外，在針灸減肥治療過程中，可能會出現厭食、口渴、大小便次數增多、疲勞等反應，這些均屬於正常現象。因為針灸治療過程中，身體的內在功能不斷調整，新陳代謝加快，自然會出現厭食、口渴等症狀。當身體重新建立平衡時，這些症狀會隨之消失。

針灸瘦身法一般適合於二十～五十歲的人。在二十歲以前，人體生長發育尚未完全穩定，如果在這個階段採用針灸減肥，其治療效果會非常不理想。五十歲以上的人，由於體內各方面的機能已經趨向衰弱，代謝能力日益低下，其減肥效果也很不明顯。而且，五十歲以上的人，皮膚彈性比較差，針灸瘦身即使有效果，也會產生難以恢復的皺紋。

二十～五十歲之間的中青年人，隨著年齡的增長，能量消耗慢慢減少，身上比較容易堆積肥肉。在這個階段，人體各方面的機能都比較健全，採用針灸治療，能夠快速達到瘦身的效果。但是如果在針灸中，患者出現眩暈、疼痛、噁心等症狀時，屬於針灸的不良反應，應立即中斷治療，防止發生危險。

中醫針灸是一門高深的科學，患者只有到正規的減肥門診接受既無副作用，又進行整體地調節和治療的方案，才能夠達到減肥的目的。

人體內有多條經絡與腰部相連，透過合理刺激腰腹、背腰部的經絡，可以疏經通絡、調暢氣血，進而調節脂質代謝過程，促進脂肪分解和能量代謝，平穩、快速地消除腰部局部肥胖。

針灸減肥，一般十次治療是一個治療階段，三十次為一個完整的療程。在剛開始接受治療的時候，為了加速身體的新陳代謝，可以每天都進行針灸，每次在二十～三十分鐘左右，到了後期可以調整為兩天一次，每次在三十分鐘左右。一般在完成一個治療階段後，體重約可減掉二～五公斤，完成一整個療程後，可以減掉五～十五公斤。如果在瘦身過程中，合理調節飲食，效果會更明顯。

在針灸法的基礎上，現在又有一種新的瘦身方法，叫做穴位埋線瘦身法。這種方法十五天埋一次線，免除了患者每天一針的麻煩和痛苦。每個人的體質不一樣，在進行穴位埋線時，可以根據每個人不同的症狀進行選穴，然後在相對的穴位埋入蛋白質磁化線。

做為針灸法的延伸，穴位埋線也能抑制食慾以及提高新陳代謝，增加能量消耗，促進體內脂肪分解的目的。穴位埋線減掉的是人體的脂肪而不是水分，並且不會影響人體的健康。

按按穴位就有小蠻腰

《素問・血氣形志篇》說：「經絡不同，病生於不仁，治之以按摩……」按摩具有通經絡的作用。人體氣血循經絡運行，經絡不通，氣血凝滯，就容易肥胖甚至生病。人體的腰部是平時很難活動到的部位，容易堆積贅肉。人體有十二條經絡和三百六十多個穴位，只要經常按摩一些與腰部相關的穴位，就能夠達到瘦腰的目的。

中醫按摩講究手法、輕重，不同的部位採用的方法各不相同。按摩臉、頸部的時候，主要採用揉、提、分、拍的手法，按照額頭、臉頰、鼻子、頷部、耳部、頭頂

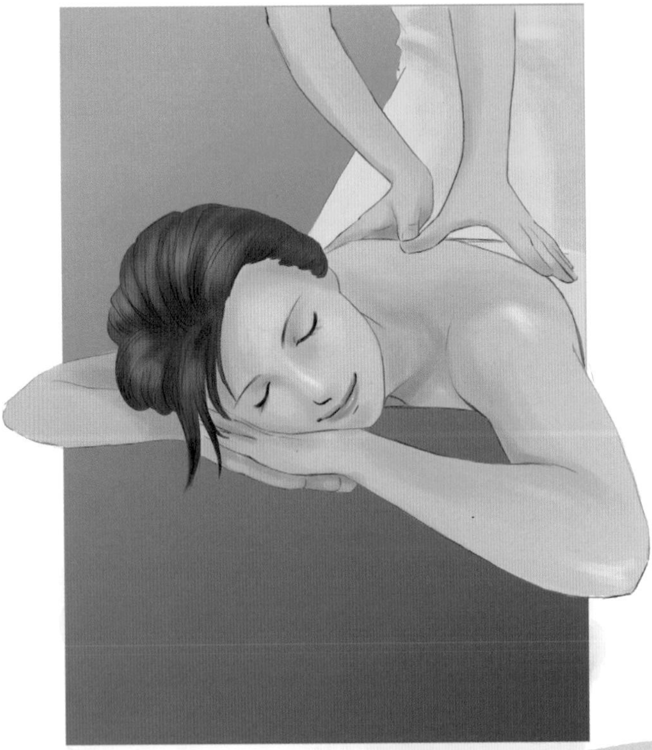

部的順序進行按摩，由輕到重，每次五～十分鐘即可。

身體四肢的按摩主要採用推拿、撳的手法。上肢一般用提、搓、拍、點的手法，下肢多用推、撳、拍、搓等手法，脂肪比較多的地方可以加重手法。在按摩的時候，採用從上到下，前後推拿的手法，可以幫助肌肉的毛細血管擴張、增加血流量，提高肌肉的代謝，增加脂肪的消耗。

背部和腰部的按摩一般以推、撳、拿的手法為主，臀部按摩以撳、揉、點為主，手法要重。一般按摩十分鐘左右就可以看到效果。

胸腹部按摩以摩、撳、提、揉、合、分、輕拍、刺為主，每次十分鐘即可。經常按摩胸腹部，可以增強心肺功能、促進腸子的蠕動和腹肌的收縮，達到消耗脂肪的目的，進而減少胸腹部的脂肪堆積。

以下是按摩常用手法的解釋：

撳：用手指或者手掌在穴位上進行有節奏的按壓。手指一般用指腹或者食指、中指的關節，面積較大的部位則用手掌按壓。

摩：用手指或手掌在身體的特定部位，進行較大範圍的摩擦。脂肪較多的部位，可以加大力度。

推：用手指或手掌在身體上向前、向上或向外推擠皮膚肌肉。如果是按摩穴位，可以在穴位上以直線或弧形進行推動。

提：用一手或兩手捏住皮膚、肌肉或盤膜，向上提起，然後放下。

揉：用手指或手掌在皮膚或穴位上輕輕畫圓。

點：用指頭使勁按壓穴位。

在按摩的過程中，被按摩者與按摩者應該同步呼吸，這樣，才能保持動作的力度輕重得當。許多商業按摩往往忽視了這一點，因此，如果掌握了按摩的要點，最好自己進行按摩。在按壓的時候，呼氣，慢慢放鬆的時候，配合吸氣。

在按摩的時候，很重要的一點是找對穴位。正是這一點將許多希望透過按摩得到細腰的女性拒之門外，實際上找穴位並不難，只要把握兩個要點，任何人都能很快找到。第一點，穴位是指神經末稍密集或神經幹線經過的地方，因此在按壓時，會有輕微的痠痲感；第二點，按壓穴位處，可以感覺到凹下去了。

經常按摩以下穴位，會有健身瘦腰的效果：

合谷穴：位於拇指與食指的交界處，一般從手背取穴。用另一隻手的大拇指進行按壓。這個穴位的功能很多，頭暈、頭痛都能得到緩解。經常按壓此穴位，可以促進全身血液循環，是塑身萬用穴位。

水分穴：位於肚臍正上方約一吋處。按摩水分穴可以加速腸胃的蠕動，幫助身體排出多餘的水分，消除水腫。採用按壓的方式，可以避免小腹的凸出。

帶脈穴：位於身體第十一肋的頂端，在肚臍水平的位置，帶脈位於帶脈穴一帶，是腰部最細的地方。在按摩的時候，可以採用按捏、揉、提的手法。經常按摩，瘦腰的效果非常好。

天樞穴：是能夠快速平復小腹的穴位，它位於肚臍左右兩側各約兩吋處。按摩天樞穴能夠促進腸胃的蠕動，幫助廢物的排泄，當然更有利於消除小腹的贅肉。在按摩的時候，以左天樞為重點。

氣海穴：也稱為丹田穴，位於肚臍正下方一吋半。此穴位可以幫助消化，改善腹部的腫脹。

關元穴：位於肚臍正下方約三吋處。經常按摩此穴，能夠促進消化，並能有效地抑制食慾。

水道穴：位於肚臍以下大約三吋，關元穴向左右各約兩吋的位置。經常按摩此位置，可以幫助消化，改善腹部線條。

腎俞穴：背部正對肚臍後方，在腰椎兩側約一吋半的地方。

志室穴：位於第二腰椎突起向下五公分處。用拇指、食指，或二、三指按揉、點捏、掐壓這些穴位及其有關的肌肉。經常按摩腎俞穴和志室穴，可以美化腰部曲線。

三陰交：位於腳踝內側，腳掌上方約四吋。此穴位幫助消化，促進血液循環，消除水腫，身體自然變得纖細。

在尋找穴位時，一般是以吋做為測量單位。實際上，這個吋是與每個人的身體比例相對應的，每個人都不一樣。我們可以藉由自己的手指來做為工具，就能很輕鬆的找到穴位了。

一吋：大拇指關節的寬度。

一吋半：將食指、中指合併在一起的指節寬度。

兩吋：食指、中指、無名指合併在一起的指節寬度。

三吋：食指、中指、無名指、小指合併在一起的指節寬度。

以上是與瘦腰密切相關的一些穴位，除此之外，人體的穴位還有很多。例如：臉部、手部、耳朵、腳部等位置都有很多穴位，大家可以自行找穴位圖來對照進行按摩。臉部的穴位主要分布在眼頭眉與眉之間、頰骨下方、嘴角兩邊腮的凹陷位及喉節的上方。經常按摩，可以鎮定情緒，抑制食慾。

耳朵上也有很多穴位，在飯前搓揉整隻耳朵，會讓人的食慾下降。還有一種方法，購買一張耳穴圖，準備藥用膠布一捲和小碎米數粒。將膠布剪成小方塊，內置一粒米，貼在口、肺、食道、內分泌、胃對應的穴位上。每次選擇三個不同的穴位，每日輕按穴位五次，每次一到三分鐘。每星期換穴位一次，一個療程後，停一個月後再開始另一個療程。經常按摩，可以調理新陳代謝，抑制食慾。

而腳部的穴位按摩可以輔以熱水泡腳，會使身體的浮腫慢慢消失。在按摩的時候，如果按下去，覺得疼痛，就證明身體相對的部位出現了一些問題，不要怕痛，經常按摩，妳會有意想不到的收穫。

最後需要注意的是按摩並不適合所有人，一般來說，孕婦及處於經期的女性不適宜採用按摩法。患有嚴重的心臟病、肺部疾病、皮膚有傷口及糖尿病患者，都不適宜用按摩瘦身法，否則可能影響身體功能的正常運行。即使身體健康的人，在空腹及吃飽的時候也不能進行按摩瘦腰法。

「摩」掉小肚子

上一章講到以穴位按摩達到瘦腰的目的。腹部是腰部最親近的鄰居，腹部堆積了過多的贅肉，必然會影響腰部的線條。假如腰部的尺寸已經達到了妳的理想，偏偏腹部仍然讓妳難堪地凸起著，再漂亮的腰線也會蕩然無存。

腹部是全身最容易堆積贅肉的部位，尤其是朝九晚五地坐在工作桌前的白領麗人。其實，只要注意生活中的一些小細節，就能夠讓腹部一直保持平坦。

首先就是食用健康食物，多食用一些健康的、能夠幫助消化的食物，碳酸飲料及口香糖等要少食用，因為會讓身體吸入很多的空氣，不利於腸胃的消化。

然後，進食的時候請細嚼慢嚥。吃飯速度太快，食物得不到充分的咀嚼，也不

利於腸胃的消化。在吃飯的時候，尋找一個安靜的環境，慢慢地享受食物，唾液裡的酶會促進食物的消化。經常這樣進食，不僅能平坦小腹，也能改善腸胃的一些疾病。

最後，經常按摩小腹幫助消化，促進腸胃蠕動，加速小腹脂肪的新陳代謝。

在按摩的過程中，掌握一些小竅門，或者藉助一些特殊的物品，能夠達到事半功倍的效果。

腹部穴位按摩法

此按摩方法需要藉助上一章節中提到的部分穴位，包括中脘穴、水分穴、氣海穴、關元穴、水道穴、天樞穴，經常用手去按摩這些穴位。每天早晚仰臥在床上的時候，將兩根拇指上下重疊，依次按壓上面的六個穴位。在按摩的時候，力度以手指能感覺到脈搏的跳動，但是被按摩的部位不疼痛為最合適。每個穴位各按摩兩分鐘左右。

腹部畫圈按摩法

仍然是以腹部的穴位按摩為主。雙手合掌，搓熱。然後，兩隻手重疊在一起，放在腹部上。以肚臍為中心，畫圈。在按摩的時候，在下面的那隻手掌平貼腹部，用力向前按，在上的手掌用力向後壓，一推一回，由上而下慢慢移動。先順時針轉動十圈，再逆時針轉動十圈。當感覺到小腹發熱的時候，就可以停止了。這種按摩方法可以與腹部穴位按摩法結合起來，交叉使用。

腹部上下按摩法

腹部的腹直肌和肋腹中的腹斜肌承擔著身體上、下部分的營養輸送的任務，由於其特殊的位置，經常得不到鍛鍊。用手經常進行上下按摩，能夠幫助血液暢通，自然不會使小腹累積多餘的脂肪了。在按摩前，先用雙掌互相摩擦，等雙手發熱後，再將手掌對稱放在腹直肌和腹斜肌上進行上下按摩。如果腹部脂肪比較多的話，可以加重力度，直到小腹感覺到發熱為止。

腹部揉捏按摩法

揉捏是按摩的方法中的一種，當腹部的贅肉用手一抓一把的時候，我們可以採用揉捏法將贅肉統統揉掉。用手指在肚臍附近擠出一團肉，用雙手手指牢牢地抓緊，慢慢吸氣，同時縮肚子，然後慢慢呼氣，手隨之慢慢放開。然後，在肚臍附近再擠出一團肉，用雙手的手指上下揉捏，大約十分鐘後，腹部的肉會變紅、發熱；再換個位置進行揉捏。每天做二～三次，每次做二十下左右，這種方法可以訓練肚臍附近的深層腹橫肌，讓小腹變得更結實。注意，剛吃飽飯不要做，最好在飯後半個小時再做。

以上幾種按摩方法可以搭配按摩霜或香薰油來進行。按摩霜是皮膚按摩時的潤滑劑，能夠有效防止用力過猛造成對身體的傷害，除此之外，它還有滋潤、營養等作用，能夠促進皮膚的新陳代謝和血液循環。香薰油中的杜松和羅漢松香油都能夠有效消除浮腫，在按摩過程中，手掌的熱量能幫助肌膚快速吸收這兩種香油，加速平坦小腹。

腹部運動按摩法

此法不需要用雙手，僅靠身體的運動達到按摩小腹的作用。這種方法最大的好處是在按摩的同時，身體也得到了適度的運動，能夠加速瘦腰。首先，身體俯臥，兩腳分開，放鬆身體，兩肘張開，兩隻手輕輕疊合放在下頦下。注意全身放鬆，腹部緊貼在地板上。以肚臍為中心，左右擺動腹部十次，再上下挪動腹部十次。等到這個動作熟練以後，加大難度，腳跟立起，用腳尖支撐身體，讓大腿懸空，注意腹部仍然緊貼地板。仍以肚臍為中心，左右擺動腹部十次，再上下挪動腹部十次。這種按摩方式能夠改善腹部的血液循環，增強腸胃的消化和吸收功能。

瑜伽腹部按摩功

這種按摩功法可能對一些身體柔軟性不是很好的人來說，有一定的難度，但是只要經常堅持，兩個星期就能看到很好的療效。首先俯臥在地板上，雙腳分開，慢慢向上抬起，同時，雙手向後伸，抓住自己的雙腳。從側面看，身體像一把彎弓，除了腹部貼地以外，全身懸空。然後，用力地前後挪動，達到按摩腹部的目的。剛開始做的時候，按照自己的體力做幾下就可以了，再慢慢地延長時間。

進行瘦腰腹的過程中，還可以在平時藉助塑腰腹帶，避免身體攝取過多的食物。並且，當我們穿上塑腰腹帶後，能夠束縛腹部多餘的贅肉，使身體看起來更完美。

最後，需要注意的是，患有某些疾病的人是不適合按摩的，例如患有流感等急性傳染病的病人，或者患有嚴重心臟病、肝病和腎病的病人都不適合。因此，最好在按摩前向醫生進行諮詢。

膠帶貼一貼，脂肪掉一掉

膠帶瘦身法起源於日本，曾經風靡一時。據說這種瘦身方法無需節食，也不會有多少反彈，只要堅持，就能達到瘦身的效果。其原理是利用手指穴位與身體之間的關聯，類似穴位針灸或按摩的方法。也有醫生指出，當手指上綁上膠帶後，會由於不方便取食物而達到瘦身的目的。但是無論如何，許多人的確透過膠帶法獲得了夢想中的細腰。

首先，準備一捲膠布。最好使用醫用膠布，膠布如果有彈性，會加大纏繞的力量，壓迫手指頭，造成血液循環不暢通。醫用膠布的透氣性好，也不容易讓皮膚過敏，是最好的選擇。這種膠布在一般的藥店都有賣，而且價格很便宜。

然後，將膠布撕成〇．四公分的寬

度。開始纏繞的時候，從指頭側面的中央開始，即手背與手掌的交接處，纏繞的基本方向是「以中指為中心，從外向內纏繞」。

現在我們就開始進行膠布瘦身的方法。與腰腹有關的穴位主要集中在中指和無名指上，因此，利用膠布纏繞法可以快速地瘦腰腹。

假如妳的腰腹兩側有很多的贅肉，可以將膠布纏繞在兩手的中指。首先在靠近無名指邊的中指側面貼好膠布，沿著指甲向食指方向纏繞兩圈。跨越第一關節後，根據第一關節與第二關節之間的「中節」長度，纏繞三～四圈，從手掌那一面跨越第二關節。繞過第二關節後，再繞一圈半，最後在靠近食指邊的中指側面結束。

在纏繞時，手背那一面稍微拉緊些，手掌面則放鬆些。纏繞時，手指伸直，纏繞結束後，嘗試彎曲手指，如果感覺到很痛，就是纏得太緊，需要放鬆些。若纏繞完後十五分鐘，指頭發麻、指尖變得冰冷，表示力量太大，需要重新纏繞，只要手指能感受到一些壓迫就可以了。每天持續纏繞八個小時以上，即可以達到瘦腰的效果。在纏繞期間，可能會出現肌膚過敏的情況，可以休息一段時間，再重新進行纏繞。

如果上腹部正面有許多脂肪，可以採用另一種中指纏繞法。首先將第一關節與第二關節的中指分成兩等份，在中指正中央，靠近無名指旁的中指側面上貼膠布，繞過手背後往指根繞下去。纏繞二～三圈後，每圈間隔一定的空隙後，從手掌那一面跨越第二關節，再繞一圈半後，在靠近食指邊的側面中央結束。這種纏繞方法不僅可以減掉腰腹部的贅肉，也可以改善慢性胃痛、消化不良等症狀。

為了強化腰部曲線，在貼膠布時，需要同時將雙手的無名指一起纏繞上，可以同時減去下腹的肥肉。方法是在無名指指甲縫邊側面貼好膠布，沿著手背那一面向中指方向繞兩圈，中間留一些空隙，從手掌那一面繞過第一關節。在第一關節和第二關節的中間部分，繞三～四圈後，從手掌面跨越第二關節。繞過第二關節後，再繞一圈半，在靠近中指邊的無名指側面中央結束。

如果想使腰線迅速顯露出來，可以讓手指和腳趾同時進行膠帶纏繞。需要注意的是，由於腳上原本就穿著絲襪、鞋子等，纏上膠帶後，會由於不通風而產生溼氣，使腳上的肌膚受到傷害。因此，腳趾纏繞法只能做為手指纏繞法的輔助方法。

先將膠布纏在雙腳的拇指上，從指甲邊繞起，繞兩圈後到第一關節，再從第一關節繞兩圈半到指根。然後纏繞無名指，將膠布貼於靠近小指旁的無名指側面，繞兩圈到第一關節，從腳底面跨越第一關節，繞兩圈半後在靠近中指邊的側面中央結束。最後纏繞中指，在靠近無名指的中指側面貼上膠布，繞兩圈後到第一關節，在腳底面跨越第一關節，繞兩圈半後，在靠近食指邊的中指側面中央結束。因為每個人的腳趾頭的長度都不一樣，假如無法纏繞兩圈時，纏繞一圈也能達到相同的效果。

有人曾做過試驗，在纏繞之前，穿上一條比較緊身的裙子，纏繞好後，裙子立刻變寬鬆了。這並不是變魔術，而是人體的正常反射。但是，一鬆開膠布，原本已經變細的部分，又會如同氣球般膨脹起來。因此，想要妳的身體記住新的體型，需要一段時間的膠布纏繞才可以。一般三～四週以後，身體會慢慢適應新的纖瘦的體型，即使這樣，當達到了腰圍的尺寸後，仍要繼續堅持三～四週，才能使成果進一步得到鞏固。

美麗總在刀口上

如今的電影、電視上充斥著滿滿的都是一些性感明星曼妙的身姿，實際上給了大眾一個誤解，似乎除了自己，全世界都是美女。實際上，真正擁有完美比例的女性屈指可數，大部分都是後天美女。曾被譽為世界上最性感明星的瑪麗蓮·夢露就是一個典型的人造美女。她的鼻子、下巴、頭髮等都有整過的痕跡，甚至突出的牙齒也被整過，最讓人覺得不可思議的是，她窈窕的身姿則是取掉兩根肋骨達到的。

在韓國，整形已經成了整個國家的風氣。有個朋友曾經說：「在韓國，天然美女的數量就如同中國的大熊貓。」許多報章雜誌都對整形過的明星前後對比進行過報導，讓人跌破眼鏡。無論怎樣，整形給人帶來的改變是立竿見影的，無疑是一些長年受瘦身困擾的女性的福音。下面給大家介紹一些手術，能夠快速幫助人體減輕脂肪，達到瘦腰的目的。

胃繞道術瘦身法

胃繞道術是一種縮胃術，是國際減肥手術的倡議者梅森所提出。儘管有許多人對這種手術提出了質疑，但是它的確幫助許多肥胖患者勝利地擺脫了肥胖的煩惱。

人體吃下食物後，在正常的情況下，會由食道進入胃，經過十二指腸到達小腸。小腸是一個專門吸收養分，輸送到身體各個部位的器官。胃繞道術就是從小腸入手，割除六至七英吋的小腸，這樣就會減少小腸的吸收量，進而減輕體重。

由於部分小腸被切除，所以許多未能吸收的食物會變成廢物排出體外，很容易引起腹瀉。最後，要注意的是，由於每個人的體質不同，所以儘管不少人因這種手術中得到了成功，但此手術並不保證百分百的成功。例如有些瘦身者已經養成少量多餐的習慣，那麼這種手術的作用就沒有達到。

水球植胃瘦腰法

將一種矽球從人體喉部放入胃中，再將半公升鹽水注入到矽球內。此方法是利用外物佔據胃的空間，使人產生飽足的感覺，進而減少進食。矽球進入到人體後，一般保存半年的時間，半年後，人體適應了少食的習慣，再取出來。

在進行水球植胃瘦身術時，如果能配合適當的運動及飲食，獲得的效果將會更顯著。目前，從臨床上來看，已經有數千人接受了此手術，但是效果並不一致。胃是有彈性的，假如有人覺得儘管肚子飽了，但仍有想吃的慾望，其結果反而會使胃會越來越大。

胃間隔術

將人的胃分成上下兩個一小一大的「袋」，其作用也是減少胃的容量。由於胃被束縛住了，所以很容易有飽足感，進而降低胃對營養的吸收。

縮胃術

縮胃術的基本原理都是對胃進行控制，減少胃對營養的吸收。常見的縮胃術有裹帶式、氣袋式兩種方式。前者是用一種矽樹脂的帶子裹緊胃，後者是在腹腔放一個可以充氣的袋子。無論採用哪種方式，根本目的都是對胃產生一定的壓迫感，阻止胃對營養物質的吸收。

縮胃手術從理論上來講，有一定的道理，但是在現實生活中，有許多人出現了術後反應，甚至死亡。專家解釋說，縮胃術直接減少了胃容量和胃黏膜面積，會引起嚴重的腸胃功能紊亂。當體內蛋白嚴重缺乏時還可能引起全身水腫、膽結石等疾病。據統計，縮胃術造成的死亡率高達百分之十，因此，許多國家已經禁止此種方法的應用。

注射瘦身法

此方法是在脂肪層注射脂肪以消除脂肪的囤積，原理在於促進局部脂肪的活化，提高脂肪的新陳代謝，與運動、按摩的方法相似。

經由注射術，每週可以減輕體重二至四磅。但是在注射的時候，要注意外觀均勻與完整，而且盡量不要在同一部位進行注射，否則會使該部位產生凹陷或造成纖維硬塊。

無論哪一種手術，都會存在一定的風險，因此，如果體重沒有嚴重超標，請謹慎採用。

我控制食慾了

許多人肥胖的原因是無法控制自己旺盛的食慾，吃得多，動得少，身體自然就發胖了。適當地採用一些藥品，能夠幫助我們抑制這種旺盛的食慾。

常見的食慾抑制劑主要分為兩大類：一類是作用於中樞神經系統的食慾抑制劑；另一類是不作用於中樞神經系統的脂肪酶抑制劑。

中樞神經系統是神經系統的主要部分，位在身體的中軸，由明顯的腦神經節、腦和脊髓構成。中樞神經系統就像電腦的CPU，將身體的各個部位傳來的資訊，整合加工後或儲存、或以新的命令傳送出去。它掌管著每個人的意識、心理和思維活動。

作用於中樞神經的藥品主要在

刺激下丘腦飽覺中樞，降低食慾，幫助患者控制飲食，進而減輕體重。這類藥品的主要成分是苯丙胺及其類似物，包括甲苯丙胺、苄甲苯丙胺、安非拉酮、右苯丙胺和苯丁胺等。這類藥物作用於人體後，一般在一個季度或半年內就能看到顯著的效果。其中，苯丙胺是最早使用的食慾抑制劑，其不良反應很大，目前已經有很多國家將其列為禁藥了。這類藥品的副作用為過度亢奮，食用者往往會表現出易激動、失眠、頭痛、血壓高等症狀，腸胃道也會有噁心、嘔吐等。

脂肪酶抑制劑則主要透過與腸胃內的脂肪酶的活性絲氨酸部位作用，使脂肪酶失活。脂肪酶失活後，就不能吸收食物中的脂肪，進而減少熱量的攝取，控制體重。

此類藥物雖然也能在短期內見效，但也有不良反應。主要表現為：腸胃排氣增多、有油性大便、腹部不適等反應，嚴重者甚至引起月經失調、皮膚過敏等。這類藥物比較適用於那些有高血壓、冠心病、糖尿病、高血脂的肥胖患者。

其他影響食慾的藥物還包括苯佐卡因，這是一種利用局部麻醉的效果，改變味覺敏感性，讓人失去「胃口」。這類藥物也有興奮中樞的作用，會導致失眠、血壓增高等。這類藥物不適用於高血壓患者及患有甲狀腺功能亢進等病人。而且，一旦停用，胃口馬上好轉起來，身體會恢復肥胖，所以效用一般。

使用藥物減肥，方法簡單，無需節食，只需要按要求服用指定的藥物就可以了。但是，如果妳的身材不是嚴重超標，盡量不要採用藥物減肥。如果一定要使用，記住以下幾個要點：

● 使用藥品前，請諮詢醫生，結合自己的體質來進行選擇。許多銷售人員在自身不瞭解的情況下，片面誇大藥品的作用，會給患者帶來誤導。記住，身體是你自己的，一旦出現了問題，銷售人員是不會負責的。

- 任何藥品都不能一勞永逸解決妳的問題，只有配合運動和飲食，才能將好身材保持下去，否則，一旦停藥，一定會反彈。
- 「是藥三分毒」，任何藥品都會影響腎臟和肝臟等器官，所以，減肥藥品也不能長期服用。

由於個體體質差異，相同的減肥藥品作用於不同的人身上，會產生不同的效果。不要盲目的相信別人的成功經驗，因為那不一定適合妳。

西藥趕跑小肥腰

二〇〇一年，醫學界明確提出肥胖是一種病的觀念。既然是一種病，那麼有沒有治療這種病的藥物呢？西醫做為一種重要的醫學分支，也有一些療效很好的瘦身藥品。從大部分中國人的視覺來看，西藥減肥效果不及中藥。但是，對一些過度肥胖的病人，必要的西藥可以做為飲食療法的輔助方法。

儘管西藥在減肥效果方面非常顯著，但是在使用時，還是需要慎重，最好在醫生的指導下使用。有以下症狀的肥胖患者可以採用西藥減肥法：

A、有旺盛的食慾，缺乏自制力者，可以適當服用一些藥物，幫助控制食慾。

B、由於各種原因，無法以飲食瘦身，可以選擇用藥物進行輔助治療。

減肥西藥主要有五大類別：

苯丙胺類藥物：這類藥物主要是以調節攝食與飽食中樞來抑制食慾，進而達到減肥的目的。服用者的食慾下降，同時興奮性增強，睡眠減少，消耗增加，進而減輕體重。副作用有失眠、精神緊張及心慌等交感神經興奮的表現。苯丙胺類藥物種類較多，一般都為為精神藥品，如安非拉酮就屬於特殊管制的一類精神藥品，久用易成癮而產生依賴性。

雙胍類降糖藥：透過增加組織的無氧糖酵解，促進組織對葡萄糖的攝取，降低血糖和高胰島素血症；利用藥物的腸胃道反應，降低食慾，進而減少或延緩腸胃道對糖的吸收，並能增加脂類物質排泄，收到減肥效果。副作用有乏力，腸胃反應嚴重者可能有噁心、嘔吐及腹瀉，可因乳酸產生過多引起乳酸酸中毒。

激素類藥物：代表是甲狀腺素類藥物，能夠幫助提高人體的代謝能力，促進熱量的消耗，達到瘦身的效果。甲狀腺激素雖然能夠促進能量的消耗，但是只有在大劑量時才能看到效果。這類藥品還可能損害心臟功能，並加速蛋白質分解，引起肌肉病變和軟化病。

纖維素類藥物：主要原理在於影響食物的消化和吸收。食用纖維含有多種成分，包括多醣、木質素、半纖維素等，可以促進胃排空，抑制腸胃內食物分解，減少能量與營養物質吸收，增加飽足感而減少食量等，來達到減肥目的。

最後，介紹大家一種相對安全的減肥藥品——左旋肉鹼，是廣泛存在與人體內的一種氨基酸。它可以充分利用脂肪變為能量，既可以瘦身，又可以抗疲勞。

左旋肉鹼是脂肪消除過程中必不可少的載體，各國科學家在生物醫學和臨床醫學方面進行大量的研究，發現它不僅可以促進脂肪酸的氧化，而且有保護心臟、降血脂、防止脂肪堆積的作用。由於它這些特殊的功效，被世界衛生組織確認為安全的減肥藥品。

無論這些減肥藥品是否安全，任何人在使用之前，一定要遵守醫囑。

中藥調理現腰肢

相對於西藥減肥，中藥減肥的速度更慢一些。中藥減肥基於不同的人體，所給的配方也不一樣。中藥減肥都是透過綜合調節人體機能來排出多餘的脂肪以達到減肥瘦腰的目的，所以是一個較漫長的過程。

中藥減肥在幫助女性瘦身的同時，還能夠帶來健康，既治標又治本。下面是一些比較常見的五種中藥瘦身法：

和胃消脂法

許多肥胖者肥胖的原因在於吃得太油膩。一些油膩的食物往往不利於消化，容易堆積在腸胃裡，造成腰腹的臃腫。不僅如此，這些很難消化的食物會在腸胃裡滋生細菌，影響身體健康。判斷腸胃不好的一個重要標準是看呼出的口氣，如果有味道，證明腸胃出問題了。

幫助腸胃消化的食物有山楂、大麥芽、萊菔子等藥物，這些在古代醫書中早有記載，稱其能夠消除脂垢。傳統中藥焦三仙、保和丸就有很好的幫助消化的作用。在平時的飲食中，可以吃一些山楂、鮮萊菔等食物，也有很好的療效。

活血行瘀法

過於肥胖的人，血液中的脂肪含量也比較多，容易引起動脈硬化、心血管疾病等。有些中藥對擴張冠狀動脈，增加血流量，降低血脂，以及防止斑塊形成和促進其消退均有作用。

常見的活血行瘀的藥物有當歸、川芎、丹參等，這類藥物可以活血調經止痛、活血舒筋，疏通經絡。需要瘦身的女性如果經期量過少，或者舌苔上有青紫瘀點，都可以採用這種方法，不但降脂減肥，還能治病。常見的藥物為複方丹參包、冠心一號方、冠心二號方等。

寬胸化痰法

在中醫文獻中，有「肥人多痰」的觀點。通常身體脂肪較多的人，痰液也比較多。大部分身體比較胖的人比較氣短，爬幾層樓梯就氣喘吁吁，性情也比較急躁，容易發脾氣。凡是有這些症狀的人，都可以採用寬胸化痰法。

常用的藥物有瓜蔞、陳皮、小蒜等。瓜蔞，古稱栝樓，是寬胸化痰的主要藥物，可以降血脂，尤其適合治療冠心病。陳皮即橘皮，氣味芳香，既可和中理氣，又能化痰降脂。市面上銷售的陳皮梅、橙皮條，都可以用來降脂瘦身。用枳實配陳皮、半夏可以製作溫膽湯，常用於治肥胖痰溼重、驚悸、失眠等症。

疏肝利膽法

膽汁能幫助身體消化脂肪，一般肝臟有問題的人，由於膽汁分泌不足，往往不喜歡吃油膩的食物。疏肝利膽法對肝膽病是不可少的，尤其是脂肪肝患者。

採用此法常用的藥物有茵陳、莪術、薑黃、鬱金等。茵陳，是中醫治療黃疸的專用藥，有很好的利膽作用。莪術、薑黃、鬱金三味藥為同科藥物，均能疏肝、利膽、降脂，常與茵陳配合同用。柴胡疏肝散（柴胡、枳殼、芍藥、甘草、香附、陳皮）可做為常用成方，隨症加減。決明子能清肝明目，平時泡茶常飲之，有瀉肝火、降血脂功效。

利尿滲溼法

當身體的水分代謝失常，就會與血液相混，造成血脂升高。採用利尿滲溼法可以幫助身體代謝多餘的水分，進而瘦身降脂。

此方法的最具代表性食物是冬瓜。冬瓜很強的利尿作用是瘦子的禁忌食品，而胖子經常食用則會消除身體的浮腫。其他還有茶樹根、玉米鬚都有相同的作用，能有效降脂瘦身。

瞭解了以上方法，下面再給大家補充幾種常見的瘦身中藥，可以做為平時的食材，長期食用，效果加倍。

枸杞子：可以燉湯、泡茶喝，每天堅持服用，就可以美顏瘦身。

荷葉：泡水或者煮粥喝，瘦腰效果顯著，一個月內就能減掉五公分左右。

決明子：經常泡水喝，能夠促進腸胃的蠕動，排出身體多餘的毒素。

當歸：煮湯喝，能夠促進血液功能，具有利尿、抗菌、鎮定的作用。女性經常服用，可以治療肥胖，抗電腦輻射。

山藥：增強體質，是大量運動的所需能量來源。

以上都是可以幫助瘦身的中藥，但是在食用的時候，要根據不同的年齡和體質來進行選擇、搭配。

瘦身藥品的家族敗類

春暖花開，脫掉臃腫的冬裝，許多愛美女士又開始對著滿身的肥肉一籌莫展。最快且沒有痛苦的瘦身方法莫過於選擇減肥藥品了。但是醫生會告訴我們，苗條和美麗是緊密相連的，不要以健康做為美麗的代價否則將會自食其果。大部分瘦身藥品都對身體有副作用，以下是曾經暢銷一時的問題減肥藥：

安非他命（Amphetamine）

此藥品具有抑制神經、降低食慾的作用，但是，其副作用也很強，主要表現為刺激服用者的中樞神經，出現情緒激動、心臟跳動加快，甚至幻覺等症狀。經常服用的人還會產生依賴，讓人容易上癮。現在，許多國家已經將其列為處方慎用的減肥藥物。

芬氟拉明（Fenfluramine）

芬氟拉明的瘦身效果非常顯著，一般在服藥三個月內減輕體重約兩公斤，腰圍減少十公分左右。除了用於瘦身外也可用於高血壓、糖尿病患者。但是長期服用也會產生依賴性，嚴重者可以導致心血管疾病。

PPA（Phenylpropanolamine）

與前兩種藥物相似，它同樣屬於食慾抑制類食物，在化學成分上類似於麻黃素，會導致失眠、頭暈、神經緊張等症狀。PPA曾經做為感冒藥中的一種成分，可以刺激鼻腔、收縮喉頭的毛細血管，減輕鼻塞的症狀。有些人在服用後，出現了心臟不適、痙攣甚至中風等症狀，因此，含有這種成分的感冒藥已經被停止使用。

番瀉葉（Folium Sen）

番瀉葉曾經是流行一時的減肥聖品，價格便宜，效果非常顯著，在短短幾天內就可以看到服用者明顯瘦一圈。但是，番瀉葉主要作用是使人拉肚子，但是減掉的都是水分。經常服用，會減弱腸胃蠕動的功能，停藥後排泄困難，反而加重便祕。更為重要的是，番瀉葉還會導致胃黏膜的損傷，嚴重者可以致癌。

螺旋藻（Spirulina）

螺旋藻是一種良好的天然營養保健食品，被聯合國世界食品協會推薦為「二十一世紀最理想的食品」。螺旋藻含有極為豐富的營養，對於促進人體消化、排毒、改善過敏體質、消炎等都有很好的療效。在降低膽固醇方面，螺旋藻有很好的效果。但是，螺旋藻並非萬能產品，至今其減肥功效還沒有得到證實，因此，冒然將螺旋藻當作減肥藥品來使用是非常不合理的。

咖啡因（Caffeine）

咖啡因減肥法是一種非常流行的瘦身法。每天早上飲用一杯咖啡，能夠提高人體的新陳代謝。咖啡瘦身法的原理就是利用咖啡中的咖啡因來刺激神經，達到瘦身的目的。咖啡因是一種生物鹼，通常存在於茶葉、咖啡果中，適度地使用能夠消除疲勞、興奮神經。但是，大劑量或長期食用會對人體造成傷害，而且它會讓人產生依賴性，一旦停止食用，服用者就會出現精神委靡不振的現象。

甲殼素（Chitosan）

甲殼素存在於低等植物菌類、藻類的細胞及甲殼動物蝦蟹等的外殼內，是除了纖維素外的一大類重要多醣。服用甲殼素時，一定要大量喝水，否則可能會造成腸道的阻塞，導致排便不暢。甲殼素的減肥原理在於它幾乎是人體無法消化的纖維質，進入腸道後，可以阻止油脂被身體吸收。嚴格來講，甲殼素的減肥原理和效果都是比較好的。但是，服用甲殼素一旦超過兩個月，就會造成脂溶性維生素的缺乏，對健康不利。

氫氯噻嗪（Hydrochlorothiazide）

是一種典型的利尿劑，能夠迅速地緩解身體的水腫症狀。由於瘦身效果非常顯著，已經幫助許多人成功瘦身。但是，長期服用容易造成身體內的電解質的紊亂，出現口乾、噁心、疲倦無力等症狀，皮膚也會出現過敏症狀，對腎小管、中樞神經系統等都有極大的傷害。

以上藥品有些對身體有害，有些並沒有顯著的減肥效果，所有想採用減肥藥瘦身法的美女們一定要仔細辨別，避免走冤枉路。

Chapter 7

神奇瘦腰零接觸

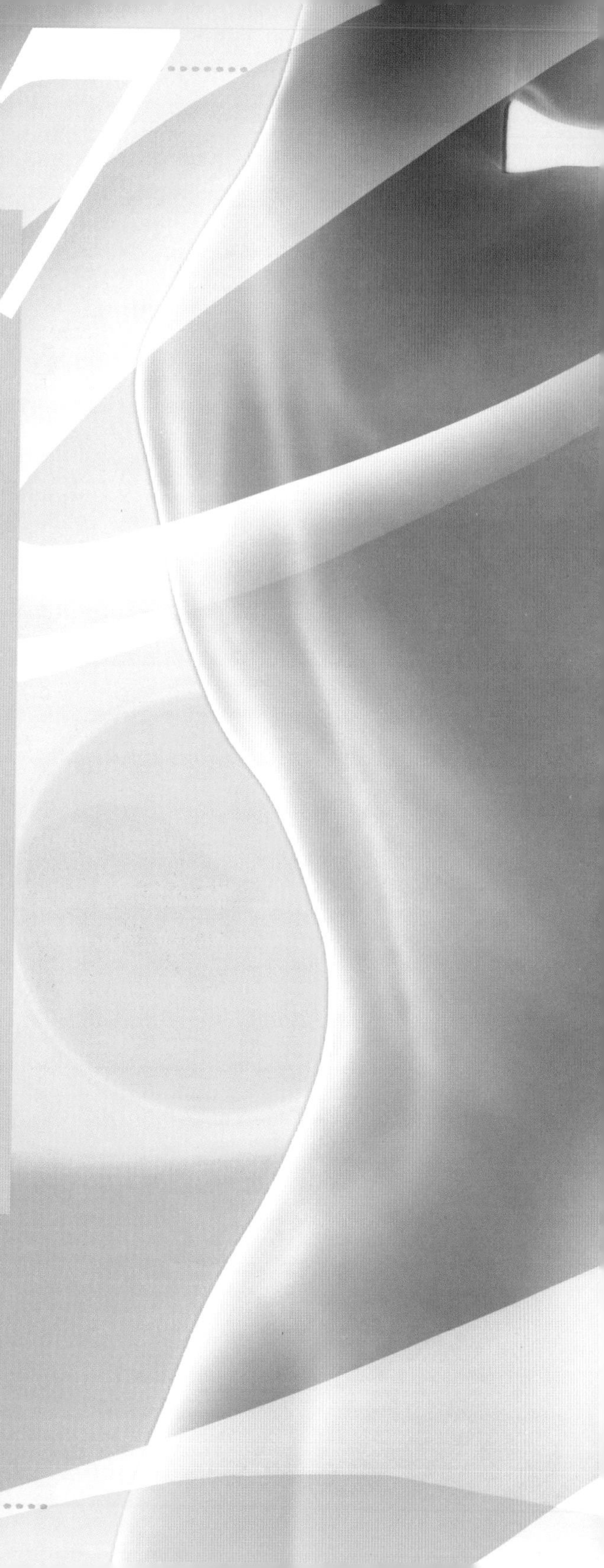

指甲油、唇膏也能瘦腰？

指甲油、唇膏是女性隨身攜帶的物品，誰能想到它們也有瘦身的功效呢？為了瘦身，許多怪招迭出，指甲油和唇膏法則是其中一種。

手指、腳趾與我們身體的許多穴位都有緊密的聯繫，在中醫學上，從觀察人的手指甲就能夠看出一個人的身體狀況。日本醫學專家認為，在指甲上塗指甲油就可以消除脂肪。

做法非常簡單，只要塗指甲油就可以了。想瘦不同的部位，就塗指甲不同的部位。例如，想要減輕全身體重的話，在指甲的新月部位塗上指甲油就可以了。指甲油大多含有對身體有害的物質，因此，在選擇指甲油時，最好選擇對指甲有好處的指甲油。選擇好了指甲油後，在雙手小指指甲的中間

塗抹，就可以達到瘦腰的目的。注意，塗抹的次數不能夠少於二十次，否則無效。

雖然日本醫生認為塗抹指甲油可以瘦身，但是其原理還有待考證。有人認為其瘦身原理是有些顏色會讓人產生沒有食慾的感覺，比如藍色、白色等冷色調。還有人認為指甲油瘦身的原理是一種心理暗示，手指甲塗上指甲油後，當用手去拿東西的時候，指甲油就會提醒自己要瘦身。只要長期堅持，就一定會有效果。

塗唇膏瘦身法由來已久，其方法是在吃飯前的兩、三分鐘，從眉間開始塗唇膏，一直塗到鼻子的下面，並成一條直線。每次吃飯前都要塗兩、三次，就能降低食慾。

當然，這種唇膏並非是普通的唇膏，而是具有特殊的香味。這款瘦身唇膏是由美國洛杉磯的一家公司出品，看似與普通唇膏無異，但據說擁有神奇的效果。其原理與香味瘦身膏如出一轍，主要依靠獨特的香味來降低人的食慾。

香味瘦身膏的使用方法類似膏藥，只要貼在手背、手腕上，就會有濃郁的香味，聞

久了就會降低人的食慾。據說這種瘦身膏的靈感來自於餐館的廚師。廚師在做飯的時候，並不能感覺飯菜有多香，原因在於他們一直在聞飯菜的香味。專家們研究後，得出結論：許多人一聞到喜歡的食品的氣味，就胃口大開，造成飲食過度，但是聞多了，則會使嗅覺變得遲鈍，引起相反的作用。這種方法是透過降低人體條件反射來控制人的食慾。

美國芝加哥的一個研究學者非常支持這種觀點，他用薄荷、蘋果和香蕉這三種東西做了一次香味瘦身試驗。他分別將這三種水果放在三種試管中，讓試驗對象來聞。六個月後，所有嗅覺正常的人，平均體重都減輕了十四公斤。試驗證明，一個人越是喜歡某種氣味，其體重降得就越快。

直接將唇膏塗抹在鼻子和嘴唇上，對人的刺激就會更強烈，不過一定要長期堅持才能看到效果。

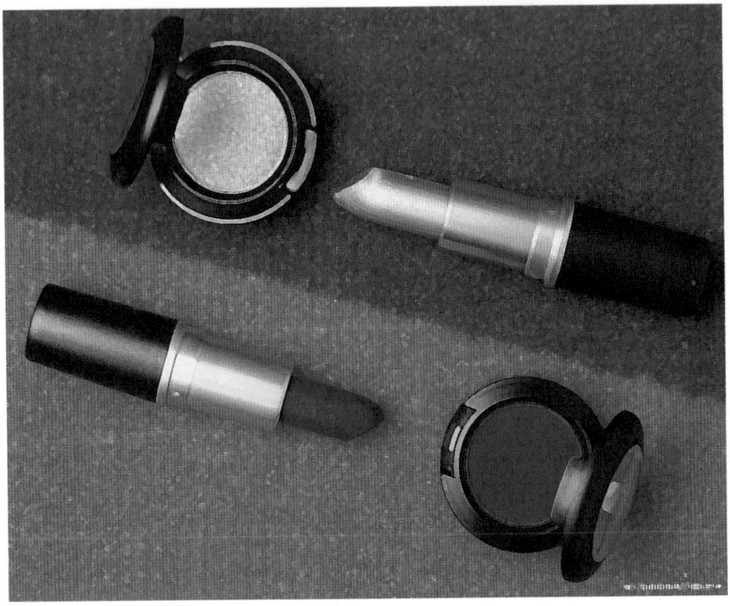

蠍尾刷刷出美人腰

《女人我最大》節目中，蠍尾刷曾經得到明星們的極力推薦。蠍尾刷主要是對人體的局部按摩來促進血液循環，加速身體脂肪的新陳代謝，其局部塑身效果非常好。用蠍尾刷來做按摩，比用手按摩更輕鬆，效果也更好。大部分蠍尾刷的刷面有很多小圓錐形的凸點，這些凸點在按摩時，會對按摩的部位形成擠壓，深入刺激身體的脂肪。如果身體有橘皮組織，運用蠍尾刷配合中醫經絡的治療法，疏通經絡氣血，身體已經形成的橘皮組織很快就能得到改善。如果雙腿不夠勻稱，經常感到浮腫、疲憊，用蠍尾刷從足踝往大腿的方向以打圈的方式刷，直到皮膚微微泛紅為止。持之以恆，雙腿會變得非常均勻。如果小腹有贅肉，只要每天洗澡後，用刷子刷身體十分鐘左右，能夠達到塑腰的效果。

在選擇蠍尾刷時，材質不能太硬，也不能太軟，必須具有適當的彈力與柔軟性，與身體肌肉要密切服貼。配合正確的按摩手法後，血液循環會被充分的激發，繼續按摩後，脂肪也

很容易被打散並分解掉。可以這樣說，鬣尾刷在改善人體曲線方面有非常好的療效，既省力又簡單。尤其適用於局部瘦身，能夠迅速打散脂肪，省時省力。

經常用鬣尾刷來按摩身體，除了能夠瘦身之外，還有美容效果，經常使用，能夠消除身體的浮腫，改善身體的疲勞狀況。在按摩的過程中，鬣尾刷能夠快速疏通身體各部位淋巴管和經絡，當血液循環加速後，能夠幫助身體排出毒素，預防贅肉的堆積。鬣尾刷在預防如靜脈曲張等與經絡不通相關的疾病方面有很好的療效，治病、瘦身一舉兩得。

在瘦身的時候，一般可以按照以下療程來進行操作。

頭部：用鬣尾刷從前髮際線一直到後腦。將整個頭部根據刷子的寬度將腦袋縱向分為幾個區域，每個區域各疏通三十次左右，一直刷到頭皮發熱為止。頭部有很多的穴位，經常用刷子按摩，能夠防止脫髮、頭皮屑，還能夠改善失眠、氣色不好等症狀。在傳統中醫治療中，有用篦子每天早晚梳頭皮一百下，其原理相同。

脖頸：用鬣尾刷從上向下刷，刷到皮膚發紅為止。經常伏案工作的人，經常用鬣尾刷按摩，能夠改善頸部的痠痛。

背部：按摩背部的時候，最好求助醫生或者美容師。背部在脊椎兩側有很多的穴位，需要從上而下進行按摩。在背部按摩的時候，可以根據人體背部的痠痛程度，判斷出其穴位對應的部位的功能強弱。在按摩的時候，使用刮痧油，可以增強人體的免疫力。

四肢：按摩上肢的時候，從上向下進行按摩；按摩下肢的時候，從下向上按摩。記住一條原則，無論怎樣按摩，都要向心臟方向按摩。

胸部：身體前正中線為任脈，可以以此為界，先向左用刷子沿著肋骨向外刷，然後再向左沿著肋骨向外刷。注意，在按摩的時候避開乳頭的位置。

腹部：在對腹部進行按摩的時候，注意從上向下疏通，如果內臟下垂的話，可以從下向上刷。在按摩時，基本原則仍是向心臟的方向按摩，也可以採用螺旋按摩的方法。經常按摩，可以幫助腹部打散脂肪，平坦小腹，而且有促進血液循環，強化子宮肌力和機能，緩解痛經。

手部：從上向下按摩，能夠幫助身體代謝，排出身體毒素，強化免疫功能，使心臟、大腦、四肢末梢的血液循環都處於最佳狀態。

腿部：從足踝向大腿疏通，雕塑腿形。經常按摩，可以消除水腫，改善皮膚過敏狀況。每次在按摩的時候，要按到整條腿發熱為止，堅持一段時間，妳就會發現腿部變得非常纖細。

腳部：從腳跟向腳趾的方向按摩，具有活血的作用，能夠改善足底的循環，使腳部的浮腫得到鬆弛和改善。

每天早晚用刷子乾刷身體，只需五分鐘，就相當於三十分鐘的有氧運動，省時省力。每次刷完身體後，妳會感覺到渾身發熱、精神煥發。堅持一段時間後，身體在不知不覺間變得纖瘦，皮膚也會變得柔軟而富有彈性。最後，需要注意的是，有以下狀態者，不宜採用蠍尾刷按摩法。

- 靜脈曲張患者。
- 身體遇到不舒服的時候，例如感冒、身體局部疼痛等。
- 剛吃飽飯。需要在飯後一個小時後才能夠採用此法。

奇怪的倒行者

在美國的堪薩斯州的一個醫療中心裡，倒著走路成了一道奇特的風景。據專家介紹，倒行瘦身是一種新概念，已經經由實驗得到了證明並會進一步推廣。

有十位志願者參加了這項關於倒行效果的實驗，結果是，倒行走路相對於正常行進，氧氣需求量提高了百分之三十一，心跳速度較快了百分之十五，血液中的乳酸含量也明顯偏高。專家們指出，當人類的身體結構適應了某種狀態時，一旦改變，會增加動作的難度，迫使人們消耗更多的熱量。與此相似的是倒立。在人類直立行走的過程中，人體各器官都長期承受著壓力，倒立能夠緩解這種壓力，消除肌肉的緊繃。所以，偶爾

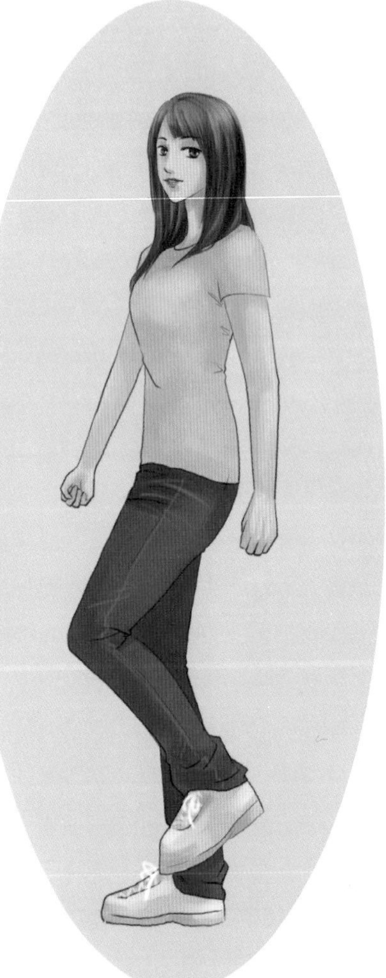

的「倒行逆施」會給身體帶來意想不到的效果。

在瘦身的過程中，剛開始可能出現由於不習慣而無法大幅度地提高消耗的熱量，只有長期堅持，養成一定的習慣，才能看到效果。在剛開始的時候，為了盡快地適應，可以採用大幅度倒行或者倒著跑步的方式。

在倒行時，因為看不到路，容易發生跌倒的狀況，所以盡量選擇比較空曠、無人的場地進行。行進時注意左顧右盼，把握好正確的方向。人在左顧右盼間，頸椎也得到了鍛鍊，能夠消除頸椎的痠痛。

長期堅持倒行運動，能夠有助於塑造纖纖細腰。在行進過程中，按照一定的節奏向後走，同時，上半身以腰為中心盡量向後扭動，使眼睛能夠看到正後方。再慢慢地轉回來，向另一邊扭動。這樣能夠幫助腰部肌肉得到鍛鍊。為了加強瘦腰的效果，還可以加上繃帶。先將繃帶放在鹽水中浸溼，擰乾後纏繞在腰腹部，能夠更好地促進腰腹部的脂肪分解。

事實上，在中國，許多老年人早就開始了倒行法，不過不是為了瘦身，而是為了健身。倒行的健身功效非常顯著，能夠加速身體的血液循環，重現活力。

現代醫學研究證實，倒行對於鍛鍊腰椎、股四頭肌等都有很好的效果，進而調整脊椎、肢體的運動功能。長期堅持，能夠改善腰腿痠痛、肌肉萎縮等症狀。尤其是正在發育的青少年，在倒行時為了保持身體平衡，背部脊椎會自然伸展，有預防駝背之效。而且這種非正常狀態的行走，可以鍛鍊小腦的方向感和人體的平衡感。在倒行時，需要注意以下要點，才能夠取得最好的效果：

- 倒走時，挺直腰身，加強平時得不到充分活動的脊椎的鍛鍊，能夠調整氣血。中老年人可以經由倒行緩解腰痛，白領可以經由倒行消除疲勞和彎曲的脊椎，少年可以經由倒行加強身體的發育，避免雞胸、駝背現象。

- 後退時，雙腳需要用力挺直，盡量保持膝蓋不彎曲。這樣就能夠增加膝關節、股肌承受重力的強度，加強膝關節周圍的肌肉、韌帶等。在不知不覺間，妳會發現膝蓋更纖細了，而且走路也會變得輕盈。
- 在後退的時候，主要是後腳跟著地，基本上腳尖是虛著地。為了防止平衡不好而受傷，最好放慢動作頻率。這樣，體力消耗也不大，尤其適合那些不適宜做劇烈運動的人，例如心臟病患者、體弱者等。當做完一些劇烈運動後再進行倒行運動，能夠緩解身體的疲勞。
- 一開始就要保持正常的呼吸。有些人剛開始鍛鍊時，害怕跌倒而摒住呼吸，事實上，這樣反而不利於運動正常的進行。只有將這種運動變為一種習慣，才能取得最大的效果。

倒行沒有太多的限制，室內和室外都可以進行，只要選擇一個比較平坦、人不多的地方，就能取得很好的效果。

擾亂飢餓的週期

大多數人都是在肚子餓的時候進食補充能量。但是，美國醫學家羅納．卡迪卻認為假如將吃飯的時間提前，能獲得更好的減肥效果。

當人體處於飢餓時，時常會飢不擇食、狼吞虎嚥，造成吸收的熱量過多，導致身體肥胖。如果在身體還不飢餓的時候進食，會更理性。醫學家進行研究時，發現人體的新陳代謝狀況在一天不同時間內是不同的。一般來說，從早晨起床後，人體的新陳代謝會逐漸旺盛，在上午八點到十二點達到最高峰。如果採取提前進食的方法，將早餐安排在六點鐘以前，午餐安排在十點鐘左右，就可以收到良好的瘦身效果。

研究學者認為，在飢餓之前吃東西，可以控制胰島素的分泌。胰島素能促進脂肪的合成與儲存，使血液中游離的脂肪酸減少，對食物轉化和脂肪的累積也起著一定的作用。在飢餓之前進食，則減弱了胰島素對脂肪的合成作用，達到了減肥的目的。

美國西北大學在對老鼠進行研究時，得出了相似的結論。他們認為，進食量多並不意味著脂肪就會大量堆積，只需要慢慢改變進食的時間就能夠幫助人體達到減肥的目的。

他們以在白天睡眠的老鼠當作實驗對象，發現在進食量相同的情況下，白天進食的老鼠要比夜間進食的老鼠普遍重一些。研究人員表示，這項發現顯示，導致肥胖的原因從表面上來看是因為吃得過多、營養過剩。實際上，現代有許多肥胖患者的原因，與其生活方式和生活節奏的改變有直接的關係。

英國國立科學研究所的神經學及熱量分配研究組的唐吉教授證實，在白天和晚上，脂肪的轉換速度不是完全相等的。一個人如果每天早上一次攝取兩千卡熱量食物，體重幾乎不會有什麼變化。但是，在晚上攝取同樣多的食物，體重就會發生明顯的變化。

為了證明自己的觀點，唐吉選擇了一百六十名平均體重八十五公斤的婦女。這些婦女在接受實驗前，每日攝取的熱量在兩千卡左右，總熱量在三餐中基本按早餐百分之十、中餐百分之四十五、晚餐百分之四十五的分配進食。在實驗中，唐吉仍然讓她們每天攝取的熱量為兩千卡，只是改成早餐攝取百分之三十的熱量、中餐攝取百分之五十的熱量，晚餐攝取百分之二十的方式。六個月後，百分之七十以上的女性體重減輕百分之十五。唐吉認為，早餐、午餐和晚餐相對延後，必然會導致肥胖。因為人體在夜晚的迷走神經興奮性高於白天，而迷走神經的興奮可以促進胰島素的大量分泌，造成脂肪的堆積。因此，適當調整用餐時間，要比嚴格的節食法更有助於減肥。

一般情況下，我們會將肚子餓的時候視為最佳的進食時間。因為這個時候，身體會自動發出報警信號，提醒我們需要補充營養和能量了。但大部分我們感到飢餓的時候，並不是新陳代謝最旺盛的時候，此時進餐，會讓過多的脂肪堆積在身體裡面。

一般來說，有兩個時段，可能妳並不一定很餓，但是用餐會加速脂肪的燃燒。第一個時段是早上起床後的一個小時內。一覺醒來，經過了差不多十幾個小時沒有進食，身體細胞已經消耗光了身體的熱量。這個時候急需補充能量，身體會相對消耗更多的能量來供給肌肉組織。許多人為了減肥，會選擇不吃早餐，這是錯誤的觀點。據說，在日本，相撲手為了讓身體長出更多的肥膘，會不吃早餐。

另一個進食的最佳時間是在運動後的三十分鐘到四十五分鐘內。此時，身體的新陳代謝率很高，消耗能量的生化酶異常活躍。此時進食，能量轉化成脂肪的機率會大幅度降低。有些人會擔心，運動過後會因熱量消耗過多而暴飲暴食，這也是個錯誤觀念。在運動過程中，人體會釋放出一種特殊的物質，反而會抑制人的食慾。

總而言之，忽視我們的飢餓感，選擇正確的、有規律的時間進食，是維持身材的有效方法。

想好了就能瘦

據說，漢朝美女趙飛燕在進宮以前，並不是處女。為了不讓皇帝發現這個事實，在進宮以前，她曾經「內視三日」，並使「肉肌盈實矣」。這段故事記載於馮夢龍的小說《情史》中。用今天的觀點來看，這仍然是個近乎神奇的故事，僅靠內視幾天，就能夠恢復處子之身。

現在已經無法探究這個故事的真實性，但是，「內視」的效果卻是真實存在的。不僅在中國，在印度，也有關於這種方法的記載，只是換了一個稱呼──「冥想」。關於冥想的神奇，已經在多方面得到了證實。

經過許多醫學專家的研究，發現冥想能夠改善大腦，保持腦細胞的活力，使人產生愉快的感覺，增強免疫力，延緩人體的衰老。在有些地方，已經推出了冥想美容法，認為人在冥想的過程中，血液的流動量提高了十五～十六倍，給臉部皮膚帶來了充分的水分和營養，給人一種容光煥發的美感。甚至有學者認為冥想在治療基因性疾病、愛滋病和癌症方面也有積極的作用。

那麼，究竟什麼是冥想呢？印度人認為冥想是一種改變意識的形式，它透過獲得深度的寧靜狀態而增強自我知識和良好狀態。在冥想的時候，人們只要將注意力集中在自己的呼吸上，產生特定的心理表象就可以了。

冥想有助於緩解人們的精神壓力，加速身體的新陳代謝，進而達到瘦身的效果。在進行冥想的時候，身體可以採用任意姿勢，只要自己覺得舒服就可以了。要注意的是，身體不能處於受力的狀態，也不能用力，自然放鬆的狀態就可以了。

假如一開始不能掌握，可以將背靠在椅子上，或者坐在地上，身體靠牆，順勢而為，閉目靜思。想一些愉快的事情，最好是自然的風光。可以是妳曾經走過的美麗地方，也可以是漫無目的想一些優美的場景，例如繁星滿天的夜晚或者白雪皚皚的景色。在冥想的過程中，忘掉肉身，只有思想在馳騁，全身都得到了放鬆。當想要瘦身時，我們可以將意識放在瘦身後苗條的身姿上，感

覺身體的脂肪一點點被抽走。

專家們說，雖然到現在為止，還不清楚冥想的原理是什麼，但是有兩點可以肯定。第一點是冥想可以增強人體的免疫力；第二點是冥想會加速身體器官的新陳代謝循環，進而加速脂肪的消耗。

雖然冥想法有如此顯著的優點，但是它也缺陷，就是速度太慢。冥想並不是一種單純的瘦身方式，而是一種境界。在冥想的過程中，如果可以，不閉上眼睛也能隨時進入冥想的狀態。但是對大部分人來說，這是一個漫長的過程。也就是說，一般人需要一段時間才能感受到冥想的真正魅力。而進入這種狀態後，還需要花費大量的時間進行冥想，才能取得很好的瘦身效果。這恰恰是許多忙碌的現代女性所承受不起的。

做為較高層次的冥想法，對於冥想的標準要求很高，不僅需要冥想者達到一定的境界，甚至還需要機緣。

當人處於發燒的狀態時，大腦會處於一種比較模糊的狀態，但是冥想功力已經達到了一定程度的人，依然能夠讓大腦保持清醒。換句話講，判斷一個人的冥想是否進入了高級階段，發燒狀態是一個很好的檢驗標準。這一點，很像中國古代的武功，必須透過某種試煉，才能夠得到提升。

高級冥想階段，將注意力放在自己的呼吸上，想像呼吸會將能量傳遞到大腦。大腦會有一種放鬆的感覺，整個大腦都會變得清爽和輕鬆。由於注意力放在呼吸上，彷彿自己的肉身已經不存在了，但是我們的腦袋是清醒的，我們可以感受到周圍的變化。

也有人將這種冥想看成是潛意識，能夠幫助我們摒除對食物的慾念，漸漸地達到瘦身的目的。

氣球吹大了，腰部吹瘦了

每個人小時候都吹過氣球，剛開始沒有掌握竅門的時候，常常為了吹大一個氣球而用盡全力，漲得滿臉通紅，當氣球被吹得鼓鼓的，心裡就有一種成功的快感。隨著年齡的增長，我們漸漸疏遠了曾經伴隨我們成長的玩具，包括氣球。

日本人最早發現吹氣球原來也可以減肥，尤其適用於想要瘦腰腹的人。許多人對此很費解，明明是用嘴來吹氣球，怎麼會瘦腰腹間的肉呢？日本一些瘦身專家給出了比較權威的解釋。

在吹氣球的時候，我們往往會先用力吸一大口氣，讓體內充滿空氣，再將氣體送到氣球中去。體內的空氣在流動的過程中，可以提高身體的新陳代謝，幫助逼出身體多餘的脂肪。另一方面，在吹氣球的過程中，為了保持吹的持續性，我們會在不自覺中採用腹式呼吸法。在前面的章節中，我們已經講過腹式呼吸法的瘦身原理，大家可以做為參考。

如果妳是一個標準的懶人，懶得做一些運動量大的活動，不妨嘗試氣球瘦身法。只需要花費很少的錢，就可以買到一堆氣球，然後便可以開始實行吹氣球瘦身法。我們可以將已經吹好的氣球裝飾我們的居住環境，能夠平復我們減肥過程中焦慮的心情，亦有助於瘦身成功。或者，可以邀請一些朋友玩踩氣球的遊戲，在玩耍的過程中，脂肪也會不知不覺地被我們甩掉喔！

下面我們來瞭解一下吹氣球的正確方法，只有掌握了這個方法，才能更好減掉腰腹間的脂肪。

首先，用力地吸一口氣，讓氣體充盈在整個胸腹腔，讓小腹處於緊繃的狀態。將氣球放在嘴邊，用力地吹。然後，當氣球吹到一定的大小時，將氣球遠離嘴邊，放開。注意，在吹的時候，不一定要將氣球吹到爆炸的臨界線，只要在自己可以承受的範圍就可以了。每天這樣吹三十次左右，就可以達到收腹的效果。

與吹氣球的方法類似的還有吹衛生紙法。將一張衛生紙，放在與鼻尖同高的牆上。人站在牆前，鼻尖與衛生紙間保持一根手指頭的距離。先用手固定衛生紙，然後用肚子的力量向衛生紙吹氣，使衛生紙不掉下來。在使勁吹的過程中，腹部的脂肪已經悄悄地在燃燒了。

許多人因為工作的關係長期處於坐著的狀態，腰腹部最容易堆積贅肉。吹氣球這種兒時的遊戲能夠在玩耍中消耗腰腹的脂肪，是一種非常有趣的瘦腰方法。但是，這種方法也存在一些弊端。

首先，吹氣球能夠鍛鍊我們的肺活量。但是經常大量地吹氣球，會對肺部造成不利的影響。所謂物極必反，我們在進行吹氣球瘦身的時候，要把握好力度，一旦過度，可能會影響到身體健康。因為在急速呼吸的時候，肺部有可能由於承受不了巨大的壓力而造成肺大泡破裂導致氣胸，引起呼吸困難，情況嚴重者會影響心臟功能，甚至危及生命。在報紙上曾刊登過一個小男孩因為參加吹氣球比賽，而導致了自發性氣胸的疾病。

另一方面，在吹氣球的時候，有的人為了節省，會反覆吹同一個氣球。吹過的氣球上往往有我們的唾液，放置一段時間後，很容易滋生細菌。因此，在選擇這種方法時，要多準備一些氣球進行更換。

最後，在進行吹氣球瘦身法時，不要急於求成，要以循序漸進的方法來達到瘦身的效果。

在睡眠中完成的瘦身夢

看到這個標題，許多人或許會瞪大疑惑的眼睛：「睡覺也能減肥？」沒錯，只要瞭解睡覺瘦身的原理、正視睡覺的作用、掌握睡覺的時間，那麼，在每天享受睡覺的過程中，妳會發現自己越來越瘦。

睡覺瘦身法的祕密在於「氨基酸」，只要在睡覺前補充一些氨基酸，即可以達到促進人體基礎代謝的作用。對人體來講，氨基酸可以分為「必需氨基酸」和「非必需氨基酸」，其主要區別在於是否能自行合成。人體內的氨基酸有二十多種，總稱為蛋白質。氨基酸分解脂肪，促進身體的新陳代謝，消除身體的浮腫、刺激生長激素。而生長激素也能夠增強身體的免疫系統，促進骨骼及肌肉生長，加速體內脂肪的燃燒。

而最新的研究結果則顯示，即使不在睡前補充氨基酸，只要保持充足高品質的睡眠，也能夠瘦身。首先，充足良好的睡眠能夠降低食慾。專家們表示，睡覺的時間和睡覺的品質都潛在地影響著一些荷爾蒙的分泌，而這些荷爾蒙有助於控制食慾。醫學界已經研究出了食慾與睡眠之間的確切關

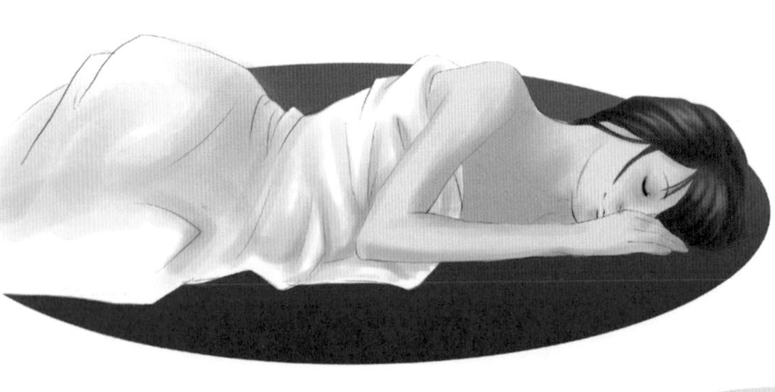

係，其中有兩種荷爾蒙比較關鍵，一種是脂肪組織分泌的肽類激素，一種是飢餓激素。研究學者們表示，以上兩種激素都可以影響人的食慾，其影響的效果與睡覺的時間長短有直接的關係。

肽類激素也稱leptin，來自於希臘字母，是「瘦」的意思。當人體儲存了足夠的能量時，肽類激素就會作用於下丘腦上的神經細胞上，控制人體的飲食行為。在醫學界，肽類激素被稱為「人體胖瘦的開關」。而飢餓激素則是由胃分泌的一種激素，它能夠增進人體的食慾。

肽類激素和飢餓激素的工作機制是一種此消彼長的關係，當睡眠不足的時候，肽類激素的水準就會下降，這時，妳會覺得怎麼吃也不飽。當肽類激素水準下降時，飢餓激素的水準反而會上升，人的食慾也會相對增加。

斯坦福大學在對兩種激素之間的關係進行研究後，得出了更加明確的結論：睡眠低於八小時的人，肽類激素水準會降低，飢餓激素水準會相對上升，身體的脂肪水準也會比較高。隨著睡眠時間的增加，肽類激素水準會慢慢上升，飢餓激素水準則會下降。其次，早點睡覺以提高睡眠的品質。許多很晚睡的人儘管也能保持較長的睡眠時間，但是睡眠品質無法保證。醫學專家們指出，睡著的人有時候會進入到一種很神祕的狀態——呼吸突然停止了。這個時間可能只是幾秒鐘，有時候卻長達一分鐘。這種情況被稱為「睡眠窒息」，它阻礙了我們進入深度睡眠，實際上變相剝奪了我們睡覺的時間。

瞭解了以上兩點後，想要瘦身的人，請盡可能地多睡幾個小時，能夠幫妳盡快瘦身。保持了充足的睡眠和良好的睡眠品質後，妳會發現自己對食物的慾望減少了，人也會覺得很有精神。正如專家們所說的，整個社會急速增長的腰圍問題應該經由充足的睡眠來得到解決。

從耳朵上瘦下去

從中醫理論來看，人的耳朵上有許多穴位，其中大部分穴位是與大腦控制食慾的中心直接相連的。從耳朵上瘦腰的原理就是相對的穴位，達到降低食慾、減肥的效果。

針對這種瘦身方法，有商家推出了一種「減肥耳環」的產品。據相關人員稱，這種減肥耳環的原理是透過刺激耳朵上的穴位，使人減少對食物的慾望。減肥耳環與我們平時戴的耳環不一樣，它具有刺激穴道的作用，所以剛戴的時候，可能會隱隱作痛，習慣了就好了。許多中醫專家認為這種減肥耳環不可靠，它的減肥原理沒有多少的科學依據。如果真想透過耳朵來進行瘦身，最好的方法是按摩。

在進行按摩之前，先買一張耳穴圖，如此才能把握每個穴位的正確位置。下面給大家介紹一些與瘦

身直接相關的穴位。

胃點

胃點的位置約在耳朵中央，是一個直接與消化相聯繫的穴位。一般來說，腹部脂肪堆積的原因是由於脹氣或者消化不良，只要用對方法按壓胃點，就可以促進消化酶的分泌，減少腰腹脂肪量。

可以採用間歇式的按壓法，早晚用小指輕輕地敲打左右耳各三十下。

內分泌點

內分泌點一般位於耳輪內側的下方。內分泌點主要控制下丘腦中的食慾控制中心，抑制飢餓激素，增加產生飽足感的激素並能夠促進人體的新陳代謝。

也可以採用間歇式的按壓，用食指輕輕敲打左右耳的內分泌點的穴位各三十下。

飢點

飢點位於耳垂的上方。飢點就像一個開關一樣，當腸胃向控制食慾的下丘腦發出飢餓的信號時，人就會產生吃東西的慾望。此時按壓飢點，就像將慾望的開關關閉了，起到組織信號傳遞的作用。

採用間歇式的按壓方式，早晚左右耳朵各按摩三十下。一般，在飯前或者肚子餓的時候進行按摩效果會更好。

便祕點

便祕點位於耳輪內側的上方。當腸胃蠕動緩慢時，就會形成便祕。一旦身體出現便祕的情況時，只要刺激便祕點，就可以增強腸胃的蠕動，幫助身體排出多餘的垃圾。

採用間歇式的按壓方式，早晚左右耳朵各三十下。如果便祕的情況比較嚴重，可以適當增加按摩的次數。

經常對以上穴位進行按摩，可以促進腸胃蠕動、幫助消化、控制食慾。為了更精確地進行定位，可以用比較細小的棍棒代替手指進行按壓。另一方面，由於皮膚比較薄，所以按壓的力度要適中，可以選用一個棉花棒當作按摩的工具，棉球可以保護我們耳朵嬌嫩的皮膚。

醫生會告訴妳，當身體攝取過多的糖分後，身體會被糖化，器官的新陳代謝變慢，身體也會呈現衰老的跡象。當妳非常想吃甜食時，只要經常按摩耳朵，就會有助於抵制甜食的誘惑。久而久之，身體的脂肪越來越少。

如果妳想加速耳朵的穴位按摩，也可以用膠布和米粒搭配的方式來進行。用醫用膠布將米粒固定在耳朵上，經常進行按摩，就可以達到加速新陳代謝、抑制食慾的作用。

奇特的瘦身法

這是一個以纖瘦為美的時代，為了瘦身，許多女性各出奇招，產生了千奇百怪的瘦身方法。在這裡，我們集中為大家介紹一些瘦身方法。

磁卡瘦身法

這種瘦身方法的原理是利用磁卡的磁性。根據一些瘦身者的現身說法，磁氣會透過皮膚傳到身體內部，幫助調整身體裡氣血的流動，加速血液循環，達到燃燒脂肪的目的。有許多人為了瘦腰，會將磁卡放在肚臍上，用保鮮膜纏繞腰部，固定磁卡。但這種方法是否有效還有待進一步的考證。

化妝減肥法

採用化妝減肥法主要是從兩個方面來體現的：一個方面是透過化妝術使自己看起來好像瘦了一些，實

際上體重沒有任何的變化；另一個方面是利用一些化妝品例如減肥霜等，塗抹在身體達到瘦身的目的。

吃蛔蟲減肥法

這是一種比較恐怖的減肥法，在電影《瘦身男女》中，鄭秀文就曾經用過這種瘦身方式。大家不要以為這只存在於電影中，事實上，在很多西方國家，一些明星們為了保持苗條的身材都嘗試過這種方式。其原理是在身體裡養一隻蛔蟲，讓牠吸收身體多餘的熱量。據一位對娛樂圈比較瞭解的女性爆料，許多美女為了保持身材，甚至吃過棉花球，以增加胃的飽足感。

摳喉嘔吐法

摳喉嘔吐法是流行於模特兒中的一種最常見的方法。許多模特兒控制不了自己的嘴，為了保持身材，只好在食物還沒有消化的時候，想辦法讓東西吐出來。

有位模特兒甚至介紹摳喉的經驗，說第一次摳的時候，很難吐出來，慢慢地就會掌握訣竅，只要用手碰觸懸雍垂，就能很快地吐出來。這樣，既能享受到食物的美味，又不會破壞身材。

有專家稱，這種非正常的飲食方法會給使用者帶來嚴重的健康問題。食物在吐出來的時候，有部分的胃酸也會隨著帶出體外，傷害牙齒。如果太常摳喉，牙齒可能會提早掉光光。

大哭瘦身法

縱情大哭幾個小時，幫助身體燃燒脂肪。在大哭的過程中，身體各個部位都會被調動起來，不僅如此，在情緒宣洩的同時，身體的新陳代謝也得到了提高。這也是模特兒們經常採用的一種方法。

心理學家提出了對這種瘦身方法的質疑，當人的情緒長期處於悲傷的狀態時，情緒會越來越不穩定。情緒不穩定會提高人對食物的慾望，為了拒絕食物，瘦身者會陷入新的悲傷，長此以往，就會陷入惡性循環。

以上是一些稀奇古怪的瘦身方法，除此之外，還有很多非正常的瘦身方法，例如服用鼻炎藥水或吃鎮定劑。儘管這些瘦身方法在某些場合或某些時候發揮了作用，但是從長期來看，對身體都會造成一定的傷害，希望各位減肥朋友們慎重。

木乃伊曲線雕塑法

提起古埃及，我們腦海裡第一個浮現的一定是金字塔，而做為金字塔中最具代表性的木乃伊，則具有許多神祕的色彩。然而，誰也不曾想到，那種纏繞屍體的方法竟然做為一種新型的美容美體方法，而得到了廣泛的運用，並受到無數瘦身者的追捧。

木乃伊曲線雕塑法，顧名思義，是將需要瘦身的人全身層層包裹起來。在醫學上，包裹一直都是幫助病人恢復健康的一種有效方法。在木乃伊瘦身法中，也是採用包裹的方式，經由促進淋巴排毒的原理，分解多餘的脂肪，達到減肥、瘦身、美體、排毒的效果。木乃伊雕塑法最大的好處是可以針對不完美的局部，進行雕塑，完美整個身體的線條。

木乃伊雕塑法在減肥瘦身之餘，還能解決許多肌膚的問題，這或許是許多瘦身女性的意外之喜。在包裹的過程中，不同的藥材會滲透到皮膚中，改善粗糙和乾燥的皮膚，促進皮膚的血液循環。一些產後的年輕母親想要收縮腹部的皮膚，也可以採用這種方法。

在進行木乃伊曲線雕塑法之前，最好先沐浴並自行做好身體去角質的工作，讓皮膚準備好接受包裹的準備。為了不影響高效物質溶劑充分地滲入皮膚，在包裹之前，不要在身體上塗抹任何東西，包括乳霜等。做好準備後，我們就開始進行木乃伊曲線雕塑法。首先，測量身體各個圍度的尺寸，包括臉頰、手臂、三圍、大腿、小腿部位，再測量身體的脂肪含量。將所有的資料記錄下來，這樣能夠方便後期進行資料追蹤。然後，用一種由礦物質和香精油的混合物製成的泥土塗抹全身。在塗抹的時候，用手掌輕輕的按摩肌膚，向淋巴的方向塗抹。

接下來，用含藥性的布捲對全身或者局部進行捆綁。含藥性的布捲一般由純黃土、鎂硫酸鹽、鋅氧化物及死海的鹽組成。黃土是一種未經處理的藥性泥土，它具有吸附雜質的作用。這種黃土的基本構造就是有許多上下堆積的微小板塊，是吸出有害物質的主力軍。鋅氧化物則具有防止發炎、緩和皮膚及促進傷口癒合的功效。死海中的鹽則含有礦物質及微量元素，有助於皮膚再生。在捆綁的時候，應將布條以反地心引力的方向進行捆綁，修正下垂的胸、臀。

最後的步驟非常重要，包裹好的「木乃伊」需要在音樂聲中慢慢跳舞，約三十分鐘左右。在跳舞的過程中，舞動的幅度不用太大，只要起到活動身體的作用就可以了。

當做完這一切後，解開包裹身體的布條，再次測量身體各個部位的尺寸及脂肪率。此時，妳或許會有驚喜的發現，短短半個小時，腰身就纖細了二到三公分。這種瘦身方法需要長期的堅持，每個月需要捆綁一～二次左右才能看到效果。

如果在包裹的過程中，藉由一些熱溫的作用，會使瘦身的效果變得更顯著。

緊身內衣的包身祕法

藝人大S在自己的美容書《美容大王》中介紹了許多瘦身方法，其中提到一種穿著調整型的美體內衣瘦身的方法。大S說，穿著緊身內衣可以達到瘦身的效果，但是，必須長期穿著，即使是睡覺的時候也不能脫下，才能看得到效果。

穿著緊身內衣真的能夠雕塑我們的身體嗎？答案是肯定的，從緊身內衣誕生的那一天起，打造完美的女性曲線就是它的一個重要使命。但是，為了達到這個目的，往往是以犧牲人體的健康為代價的。

長時間穿著緊繃的緊身內衣，會妨礙我們正常呼吸。在早期西方國家，許多穿著緊身內衣的女性會隨身攜帶一小瓶嗅鹽，當身體喘不過氣來時，就會拿出來聞一下。很奇怪當時的男性怎麼會喜歡這種造作的嬌弱，用今天的眼光來看，實在有點過於矯情。緊身內衣不僅束縛了女性的身體，還束縛住了腰腹部的許多重要器官，長期壓迫，就會出現血液循環不暢。

事實上，在緊身內衣的幫助下，腹部的贅肉向上推，身段看起來非常苗條。但是，這種方法只是從視覺上改善了體型，身體的脂肪並沒有絲毫的減少，因此，這是一種典型的治標不治本的方法。

當然，也有利用緊身內衣成功瘦身的女性。但是，這種瘦身也是一種比較「虛」的瘦身。當身體各個部分都被緊身內衣包裹起來的時候，稍微吃一點東西，腹部就開始緊繃了，或許妳並沒有吃飽，但是衣服已經不允許妳吃多餘的食物了。這種透過外力控制食物的殘酷方法，只能在一段時間內控制體重。一旦脫掉緊身內衣，身體就會像發酵的饅頭一樣膨脹起來。另外，許多緊身內衣為了能夠緊緊的包裹人體，常常採用不透氣的材質。穿一段時間後，就會大汗淋漓，此時，體重好像也變輕了，但是減掉的並不是脂肪，而是多餘的水分。由此可見，緊身內衣的瘦身效果並非我們想像中的那麼完美。不僅如此，緊身內衣對身體的傷害遠遠超過它給人體帶來的「美觀」。

當全身被緊身內衣緊緊包裹後，會使女性的皮膚無法正常地呼吸，造成毛孔阻塞，甚至出現紅腫，引起毛囊炎。如果外陰部無法正常的呼吸，就會造成一些分泌物聚積在悶熱的環境裡，引起外陰炎症，影響女性的正常生活。同時，如果胸部也勒得很緊的話，會不利於乳腺和胸腹的血液循環，呼吸困難，影響正常的工作和生活。

在選擇內衣的時候，我們可以選擇適合自己體型的內衣，是可以矯正不完美的身姿。但是，想要透過緊身內衣來達到瘦身的效果，將會得不償失。許多醫學專家都指出，要想正確的瘦身，必須依靠科學合理的膳食、健康有序的生活方式，以及持久適度的運動。除此之外，所有的運動方式都很難達到真正的瘦身，只是曇花一現。

Chapter 8

明星腰精修練法

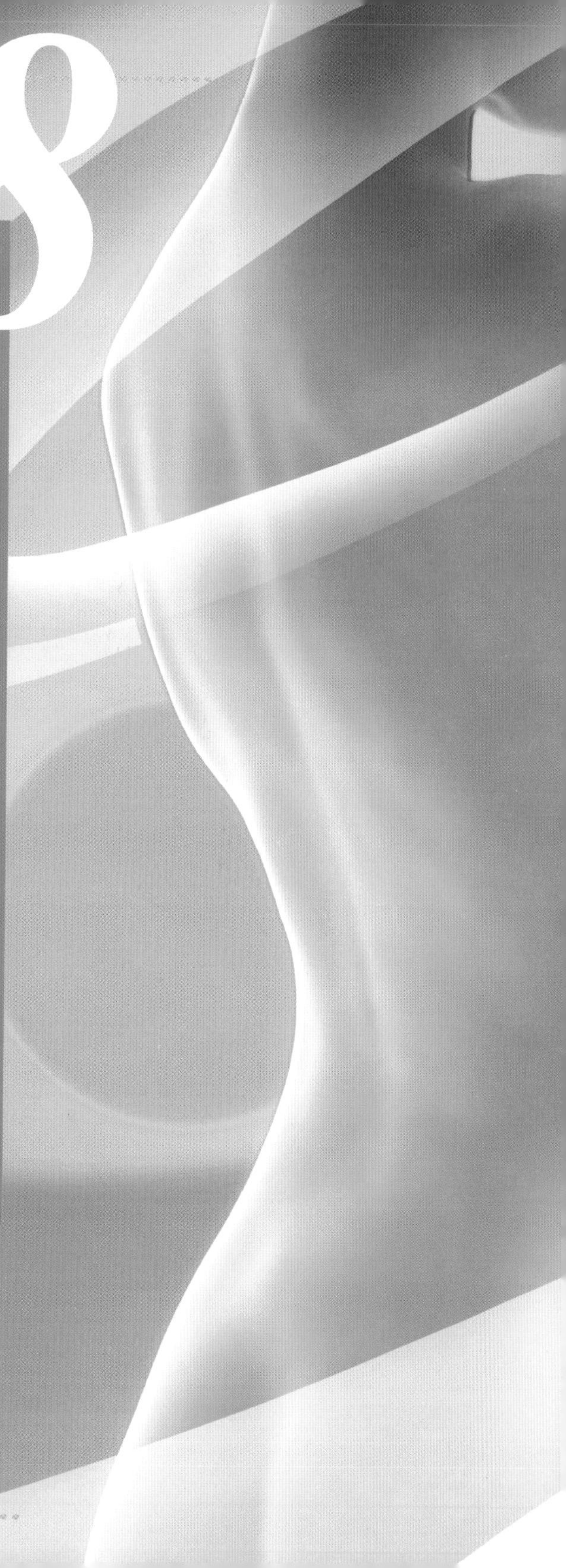

瑪丹娜：區域減肥法

當妳坐在電視機前、當妳翻開雜誌，印入眼簾的幾乎都是清一色的性感美女。無可否認，這是個「美色」時代，性感、熱辣、苗條是女明星們追求的目標，也是一般女性追求美的準則。為了達到瘦身的目的，明星們勇為人先，為廣大的愛美人士提供了修練腰精的捷徑。

在鏡頭前，人會變成原本的一．五倍，因此，許多明星為了獲得最佳的上鏡效果，不惜一切代價瘦身。在好萊塢，各大明星為了維持形象奇招百出，凱薩琳．麗塔．瓊斯堅持「吃肉減肥法」，而布萊德．彼德夫婦與天后瑪丹娜遵循的則是生化學家巴里．席爾斯博士研發的「區域減肥法」。

席爾斯認為人體在吸收一定比例的飲食後，會進入到一種愉悅的狀態。在這種狀態下，人體的荷爾蒙達到平衡，不挨餓也能自動瘦身，而且心智達到最敏銳的狀態，也不容易生病。席爾斯將這種狀態稱為「區域」（the Zone）。

按照席爾斯的說法，只要調整食物中碳水化合物、脂肪和蛋白質的比例，選擇恰當的時間進食，就能輕輕鬆鬆瘦身。席爾斯認為吃東西時必須緩慢，就像靜脈注射一樣，將由碳水化合物、蛋白質和脂肪組成的系統，慢慢地注入到體內。與一般的飲食相比，區域減肥法中的碳水化合物佔總熱量的比率下降，只有百分之四十，蛋白質和脂肪的含量約佔百分之三十，總熱量在一千七百卡左右。所有食物可以分配到一天三餐和兩次的點心中。

根據席爾斯的理論，碳水化合物會使血糖升高，進而導致高胰島素並產生肥胖，所以要想減掉滿身的肥肉，就要從這一系列的連鎖反應著手。在他的菜單裡，只推薦低油的蛋白質、富含纖維的碳水化合物和單元不飽和脂肪，麵包、米飯、通心粉、馬鈴薯、果汁、霜淇淋這些食物都是禁忌。最後，只要每天在正確的時間，消耗正確份量的碳水化合物、蛋白質和脂肪，就能輕鬆減重。

與席爾斯的理論類似的，還有風靡一時的「吃肉減肥法」以及曾流行的瘦身書籍《聽我的話就會瘦》中所採用的理論。後面兩者都是盡量杜絕蛋白質與碳水化合物的接觸，使之不能在體內生成脂肪。心臟病學家艾特金博士認為可以大魚大肉地進食，絕對不吃碳水化合物就能快速地減重。他說人體在禁絕碳水化合物的情況下，會處於「酮態」，自然達到燃燒脂肪的效果。

然而針對以上理論，許多美國營養師都提出了質疑，他們認為升高的胰島素並不會導致過胖，事實上，沒有理由認為肥胖一定是因為碳水化合物，除非那個碳水化合物是高熱量的食物。但是，的確有許多人經由這些方法達到了急速瘦身的效果，許多美國營養師認為，如果真的靠這個方法瘦下來，只是因為攝取的熱量比較少，而不是真的到達了那個「區域」。如果有肝、腎方面的疾病患者，則不要採用這些方法，因為蛋白質會增加腎臟的負擔，長期遵從會導致骨質疏鬆等現象。

瑪丹娜將「區域減肥法」稱為長壽進食方式，將其演變成一種生活哲學，其重點是保持內在平衡。她的飲食比例為四十：三十：三十，並且只進食營養價值高的天然食物。除了魚類以外，只吃嚴格規定的素食，且每一口都要咀嚼五十次以上。下面我們來看一下瑪丹娜的典型食譜：

早餐——燕麥糊、麥片粥

午餐——奇異子、水田芥菜湯

晚餐——奇異子、扁豆、糙米和嫩煎魚

有醫生指出，瑪丹娜的食譜與許多節食者的食譜非常相似，但是鈣含量明顯不足，長此以往，她的牙齒肯定會掉光。但是，無可否認，已經年近不惑的瑪丹娜依然保持不輸給少女的完美身材。

李玟：獨家瘦身湯

性感火辣的李玟也有慘不忍睹的一面，據說她以前曾經胖到六十四公斤。如果翻看她剛出道時的照片，會發現她原本是一個標準的小胖妹，很難與身材火辣的現在相比。她的魔鬼身材並非天生，而是苦戰十二個月的結果。

性感女神李玟無私地公開了自己美麗性感的祕訣，就是常喝湯。她將自己經常喝的湯分別命名為「電眼美人湯」和「活力美人湯」，據說是李玟學中醫的媽媽特地為女兒打造的美人湯。

1、「活力美人湯」：

西洋參兩錢、枸杞兩錢、紅棗十粒、蓮子一兩、芡實一兩、雞半隻，搭配薑片和酒，以小火烹煮三十分鐘。

西洋參主要功效在於保護心血管系

統，幫助提高人體的免疫力，促進血液的活力。經常服用西洋參可以降低血液的凝固性、降低血糖，調節胰島素分泌，促進糖代謝和脂肪代謝，能夠輕身健體。

枸杞早在明朝李時珍的《本草綱目》中就有記載：「春採枸杞葉，名天精草；夏採花，名長生草；秋採子，名枸杞子；冬採根，名地骨皮。」可以看出在李時珍的筆下，枸杞渾身是寶。現代研究，枸杞有降低血糖、抗脂肪肝的作用，經常用枸杞泡茶，可以養顏明目。

紅棗含有蛋白質、脂肪、糖分、有機酸、維生素A、維生素C、微量鈣等多種營養成分。經常食用紅棗，有補中益氣、養血安神的功效，尤其是女性，經常食用紅棗，能使臉色紅潤。除此之外，紅棗中富含纖維質，能夠維持人體正常的新陳代謝，對瘦身有一定的功效。

芡實含澱粉、蛋白質、脂肪、鈣、磷、鐵及少量維生素，自古以來就是永保青春、防止衰老的食物。

雞肉含蛋白質、脂肪、鈣、磷、鐵、鎂、鉀、鈉，以及維生素A、B_1、B_2、C、E和菸酸等成分，其脂肪含量較少，含有高度不飽和脂肪酸，有益氣養血的功效。

從以上分析來看，這道湯有調養氣血、增強人體的免疫力、維持人體正常代謝、瘦身健體的功效。

2、「電眼美人湯」：

白朮三錢、車前子兩錢、茯苓兩錢、黨參三錢，以五碗水煮十分鐘，搭配連皮切塊的冬瓜一斤再煮十分鐘，再放入海瓜子一斤、薑絲一大匙和鹽、酒少許調味即可。

白朮具有健脾益氣的作用。在對小老鼠的實驗中，給小老鼠飲用一些白朮水煎液，發現有明顯促進小老鼠胃排空及促進小腸蠕動的功能，經常食用可改善便祕，消除腰腹間的贅肉。

車前子的功效很多，在臨床上常用於治療小孩的消化不良及成人的高血壓等疾病。其功效為清熱利尿，可以消除身體的浮腫、明目、祛痰等作用。

黨參是中醫常用的補藥，具有補中益氣、健脾益肺的功效。黨參中含有多種糖類、酚類、苓素葡糖甙、皂甙及微量生物鹼等物質，能夠改善人體微循環，增強造血功能等作用。

冬瓜有消除浮腫、瘦身的功效，薑絲有提高人體新陳代謝的功效，再搭配鮮美可口的海瓜子，就成了一道消除身體浮腫、補脾益氣、明亮眼睛的美人湯。

除了飲用這兩款美人湯之外，李玟還採用了啞鈴完美手臂曲線及利用仰臥起坐鍛鍊小蠻腰的方法。飲食與運動結合，瘦得美麗又健康，難怪李玟無論到哪裡，都活力四射、神采飛揚。

胡杏兒：魔鬼速度與魔鬼身材

TVB女演員胡杏兒的身體簡直如同氣球般收放自如。二〇〇六年，她為了拍攝《肥田喜事》，在三個月內足足增肥了二十一公斤，體重超過了七十五公斤。拍攝後期，短短三個星期，再次出現在人們眼前的胡杏兒比增肥之前顯得更纖瘦了，而且皮膚、氣色看起來都非常好。

減肥專家稱，儘管絕大多數減肥者都希望體重下降越快越好，這是不科學的，最安全的減肥速度是每週減重一公斤。即使體重過於肥胖的人，每個月也不要超過五公斤，否則會因為減肥速度太快引發各種疾病，例如心律失調、血壓降低、貧血等。雖然專家如是

說，但是演藝明星們經常打破這一定律，胡杏兒無疑是其中的佼佼者。下面我們來學習一下胡杏兒的瘦身歷程。

胡杏兒自稱，自從參加《肥田喜事》後，胃口就一直很好，她說：「要戒口太難，但想想我遠大的奮鬥目標——要像汪明荃那樣紅足四十年。我特地要求先替公司加了睡前輔助餐，不至於讓我餓得太難受，以保障減肥的過程更加自然健康。」以下是胡杏兒的減肥食譜：

第一週

早餐：番茄一個＋一百克燙青菜＋麥片一碗＋無糖的飲品

午餐：番茄一個＋一個水煮蛋白或八十克白灼魚肉／雞肉＋水或無糖的飲品

晚餐：番茄一個＋一百克燙黃瓜＋水

第二週

早餐：減去麥片

午餐：減去番茄

晚餐：同第一週

第三週

早餐：減去番茄

午餐：同第二週

晚餐：減去番茄

除此之外，每天在睡前三十分鐘，喝一杯優酪乳或五十克乳酪，再喝一杯五十～一千毫升的紅酒。按照這個飲食，三個星期內就可以減重七公斤。

從胡杏兒的減肥食譜來看，幾乎不含碳水化合物，按照這種方式來減肥，很容易餓。換句話來講，除非有非同常人的忍耐力，一般人最好不要嘗試，否則可能會由於忍受不了飢餓導致暴飲暴食。

胡杏兒採用的睡前輔助餐的原理與我們前文介紹的「乳酪紅酒法」一樣，有提高新陳代謝的功效。優酪乳成分與母乳比例接近，加上不含乳糖而且鈣質易被人體吸收。而蛋白質經過發酵會產生短鏈氨基酸，可以幫助人體提高新陳代謝。人處於睡眠狀態時，體溫比較低，利用優酪乳和紅酒，可以產生熱量，達到邊睡邊消耗體內脂肪的效果。營養專家提醒大家，在進行輔助餐之前一定不要吃澱粉類食物，不然可能會起到相反的效果。

由於瘦身太快，可能會造成皮膚鬆弛的現象，因此，適度的運動是必不可少的。胡杏兒自述，為了配合飲食，她自創了一套瘦身操：先是左臂屈伸，訓練手臂後側肱三頭肌。雙手支撐在床上，肘關節向後，收縮腹部，雙腳併攏。慢慢讓肘關節彎曲，身體向下，注意重心在身體中心。然後慢慢還原。之後換右手重複上述動作。一套動作做二十遍左右。

如此堅持下來，就能夠美麗的瘦身了。最後，提醒廣大的愛美女性，沒有一定的毅力請千萬不要嘗試。

李孝利：生食魔腰

韓國女星李孝利擁有女人們夢寐以求的體型：完美的身材比例、沒有一絲贅肉的小腹和性感的腰線。李孝利所到之處，不僅能夠吸引男性們的目光，更是一大堆女性們豔羨目光的聚焦點。李孝利也是屬於易胖體質，稍微多吃點身材就會變形、走樣。每當身上有了多餘的脂肪時，李孝利就會採用生吃蔬菜的方法來減肥。生菜中含有大量纖維質，能夠幫助腸胃的蠕動，有利於清除體內的糞便。同時，在食用生菜時，菜內的水分結構都完整的保留著，因此，即使只吃了一點，也會有很強的飽足感。據說，李孝利結合生食和跳舞減肥，僅僅一個月就可減掉了五公斤。按照生食減肥時，要注意以下要點：

- 生菜的維生素和礦物質含量很豐富，但主要是纖維質和水分，不能夠滿足人體所需的量，因此兩餐生食時，另一餐一定要補充鮮魚、雞蛋、瘦肉等蛋白質。
- 生食減肥法不能長期進行，由於卡路里太低，在食用期間，一定要適當補充澱粉類物質，才不會對健康造成傷害。

● 如果一天只食用兩餐生食的話，在早餐和午餐進行，效果會更好。

一般人剛開始接觸生菜時，會不太能習慣它的味道，可以循序漸進地來進行生菜減肥法。第一週時，只選擇一餐進行生食，最好選擇晚餐；從第二週開始，可以選擇早餐和晚餐都吃生食，一直到減至滿意的體重為止。如果受不了生食的味道，可以搭配牛奶或者豆漿，口感會好一些。在進行生食的時候，可以先選擇一些比較適合生食的蔬菜來進行，例如黃瓜和番茄。

黃瓜和番茄同時也是減肥的良品。曾經有人接連吃了一個星期的黃瓜，減輕體重近十公斤，黃瓜的瘦身效果可見一斑。將黃瓜切成丁後，加入一些醋和鹽，就可以直接食用了。番茄中含有豐富的維生素A，能夠有效的保護視力以及修復曬後的皮膚。剛開始食用時，可以在番茄中加入一些白糖，慢慢地減輕糖的份量至不加糖。芹菜富含粗纖維、鉀和豐富的維生素。芹菜最大的瘦身功效在於它所提供的熱量低於消化自身所需要的熱量，生食芹菜的功效更大。

還有一種平時不常生吃的蔬菜——茄子，若採生吃的方式也能有很好的瘦身功效。有過炒菜經驗的人都知道，茄子非常吸油。假如將茄子生吃下去，其吸油功能仍能在人體內繼續發揮作用。最好選長條形的茄子，加入適量的鹽和香油涼拌，不僅能瘦身，還具有抗氧化作用，能保持人體細胞的正常功能，能夠抗衰老，甚至能抗癌。注意，在生食減肥的同時，還要搭配適當的運動。李孝利在生食的同時，還採用了舞蹈來保持苗條的身材。李孝利最愛的舞蹈是爵士舞，這種舞蹈節奏急促、富有動感。與其他舞蹈相比，爵士舞的運動量不是很大，但是可以完完全全地釋放身心，除此之外，爵士舞還有很好的塑身功效，特別是對纖腰、美腿的效果非常顯著。

小S：一分鐘瘦身操

藝人小S徐熙娣曾在「娛樂百分百」節目中推出「一分鐘瘦身操」單元，立刻引起了無數觀眾的熱烈迴響。在單元中，小S每天用誇張的動作教觀眾做簡易的瘦身操，讓觀眾在娛樂的同時，腰身也不知不覺的變瘦了。

事實上，一分鐘瘦身操中大部分的動作我們都很熟悉，並非是小S的首創。而小S的「一分鐘瘦身操」之所以如此受歡迎的原因主要在於以下幾個方面：

首先，這套瘦身操給我們傳遞

了一個很重要的概念——世界上沒有胖女人，只有懶女人。許多女性明明知道自己現在很胖，腰粗得像水桶一般，但是沒有勇氣去面對，更不用說去改變自己。大、小S初出道時，並非很出色，但是兩個人一直在不斷地修正、提升自己。小S一遇到不完美的身體曲線，就會用盡一切辦法來進行修正。從早期的青澀牙套妹到現在的惹火女郎，我們見證了她從鄰家小妹到性感女性的成功轉變。在「一分鐘瘦身操」中，小S不斷地傳遞給我們這樣一種觀念，胖的、醜的都不要緊，不要瞧不起自己，要變美一切都要靠自己。

其次，這套瘦身操還教會我們堅持。許多人在瘦身的道路上希望能一蹴而就，不願付出過多的努力。但是，假如妳跟著小S堅持做著瘦身操，會發現小S的「S」曲線也是長期奮戰的結果。用小S自己的話來說，想要瘦，就需要對自己狠一點。如果人家說提臀二十下，她就會做到屁股和大腿爆炸為止，要做就做到極限。這種長期的堅持，才能讓她擁有現在的完美曲線。如果妳曾經跟著徐老師做過瘦身操，可能短短幾分鐘妳就已經汗流浹背、頭昏眼花了，但是，一定要堅持、再堅持，只需一個星期，妳就會發現自己完全不一樣了。

最後，經由這套瘦身操妳會發現，原來瘦身也可以這麼快樂。轉換思想，不要將自己減肥的決心當成敵人，這樣只會讓妳半途而廢，而是應將所有身上不完美的地方都當成敵人，下定決心將它們一一消滅。當遇到難關的時候，想像自己瘦身後變成萬人迷的模樣，以此激勵自己克服所有的困難。

假如以上幾項妳都做不到，小S會告訴妳，不要抱怨自己有多肥胖，也不要抱怨自己有多醜，所有這一切都是妳自找的。

下面給大家介紹一款瘦身操，讓我們來看看小S的小蠻腰是如何修練成的。

1. 平躺於軟墊上，面朝上，雙手放在頭的兩邊，以手指尖端輕輕扶住耳朵後三公分的位置。雙腳屈膝，腳掌踩地。
2. 此項動作的訣竅在於同時抬起上半身和屈起抬高一腳，可先以左手手肘觸碰右腳的膝蓋，眼睛要看著右膝。
3. 然後回復原來的平躺姿勢。
4. 再同時抬起上半身和屈起抬高一腳，以右手手肘觸碰左膝，眼睛要看著左膝。
5. 然後回復原來平躺的姿勢。
6. 量力而為，每回交互各做二十次。

此組動作可以增強腰部的力量，也能增加人體的協調性，持之以恆做的話，妳也能擁有小S一樣的纖纖細腰。

蔡依林：呼拉圈瘦腰

小天后蔡依林擁有令人豔羨的胸圍和腰圍，她的瘦腰祕訣就是猛搖「呼啦圈」。

為了保持腰身的纖細，蔡依林有兩個小竅門，一是晚上六點以後，就不吃任何東西，另一個則是堅持搖呼啦圈。蔡依林認為晚上六點以後，人體基本上就不會再運動了，此時攝取熱量，只會造成脂肪堆積在腰腹部。但每天早晨，她都會吃一些維生素片和鈣片補足營養。在她的減肥食譜中，基本上都是水煮青菜等清

淡的食物，完全杜絕任何甜食。一旦發生便祕的現象，她會用酵母茶來改善。

營養專家對蔡依林的飲食食譜提出了質疑，他們認為維生素是維持人體生命活動所需的有機物質，也是保持人體健康的重要物質。儘管維生素在體內的含量很少，但在人體生長、代謝、發育過程中卻發揮著至關重要的作用。人體維生素的主要來源是各類食物，單純的補充維生素片，不能發揮其應有的功效。具體原理是什麼我們還不得而知，只能猜測食物中應該還含有某種元素能夠幫助人體吸收維生素，這一點是維生素片無法做到的。

除了飲食，蔡依林會採用搖呼啦圈運動，幫助腰部迅速瘦下來。蔡依林說她會邊看電視邊搖呼啦圈，現在即使連續搖半個小時也不會掉落。專家認為，搖呼啦圈主要靠腰部用力，充分運動了腰肌、腹肌、側腰肌等部位，堅持運動可以達到收縮腰腹的效果。

搖呼啦圈是一種簡單方便的運動，隨時隨地都可以進行。在轉動呼啦圈的過程中，腰部帶動腹內腸子的蠕動，可以幫助消化和排便，對瘦身及清除體內垃圾有很好的功效。

但是，呼啦圈並不是適合所有人，而是有一定的禁忌。

搖呼啦圈並不是僅僅腰部在運動，而是一種全身運動，由於呼啦圈的直徑有限，其運動強度也非常有限，只有延長運動時間才能看到瘦身的效果。如果想在比較短的時間內看到效果，可以加快搖動的速度。再者，在選擇呼啦圈時，並不是越重越好，太重的呼啦圈會猛烈地撞擊腹部和背部，可能會傷及臟腑。選擇輕重適中的呼啦圈，持續不斷地搖動，才能看到效果。

有腰肌勞損者、脊椎有傷者、骨質疏鬆患者以及老年人，不適宜進行呼啦圈瘦身。呼啦圈瘦身法，每週至少運動三次，每次至少三十分鐘，心跳約每分鐘一百三十次，才能看到效果。但是，這點對老年人來說實在很難達到。除此之外，搖呼啦圈主要靠腰部用力，充分運動腰肌、腹肌、側腰肌，長時間地扭動腰部，容易造成或加重腰肌勞損、腰椎小關節增生和腰椎間盤突出，因此，原本腰部就有問題的人不適宜採用這種方式。即使是正常人，在搖呼啦圈前，也應當先做一些伸展熱身運動，避免扭傷。在扭動的過程中，盡量保持正反方向都運動到，這樣才不會讓腸子打結。

除了蔡依林外，長期佔據第一美人寶座的蕭薔也是搖呼啦圈瘦腰的擁護者。只要我們注意以上要點，經常扭動腰肢，也能成為一個標準的美人。

林心如：啞鈴瘦身操

電視劇《還珠格格》在熱播時，兩個性格截然相反的格格吸引了無數人的目光，一個活潑好動，一個嫻靜如水。而林心如扮演的就是那個嫻靜如水的紫薇格格，可以說，紫薇格格滿足了廣大男性們對女性的所有要求：漂亮、身材好、溫柔、忠貞……

談及如何保持自己的身材，林心如自言並非是一朝一夕的事情，而是結合飲食和運動，經過長期奮戰的結果。在林心如眾多的瘦身方法中，最特別的是啞鈴瘦身操，只需要兩個星期就能看到手臂、腰間、大腿明顯地變緊實了。

林心如認為大部分不能保持運動的人，給出的理由是沒有時間，其實根本是藉口。只要兩瓶礦泉水瓶充當啞鈴，隨時隨地都可以展開鍛鍊。啞鈴的型號、重量很多，一些運動員較

傾向於選擇可拆卸的啞鈴，可以根據自己的需求來調整不同的重量。想要瘦身的女性，裝滿水的礦泉水瓶的重量比較合適，能幫助我們達到瘦身的效果，又不會太累。每個人的體質不一樣，在選擇時，可以嘗試連續舉啞鈴十五～二十五次，感覺接近極限了，這個重量最合適。如果舉了十五次就感覺支撐不住了，說明重量超重。

由於啞鈴訓練過程中，關節活動的幅度比較大，為了保護自己的關節，在訓練之前要充分地熱身。過程中，動作速度也不能過快，要有一定的控制性，尤其是腰腹的穩定性很重要，這樣才能達到瘦腰的效果。女性採用啞鈴訓練，能夠讓肌肉更富有彈性，基礎新陳代謝得到了提高，就不會輕易的回胖了。

這裡有幾種常見的啞鈴瘦身法：

側平舉

直立，雙手各持一啞鈴，掌心相對。保持手臂微屈，側平舉啞鈴略超過肩高。停一下，然後緩慢下放還原。

羅馬尼亞式硬拉

直立，掌心向下握一對啞鈴，並懸於體前。透過抬臀使身體重心向後落至腳後跟，微微屈膝，啞鈴沿大腿下滑直至脛骨中端。還原至起始位置，然後重複。

啞鈴飛鳥

躺在平椅上，雙腳撐地。握一對啞鈴於胸上方，掌心相對。保持手臂微屈，慢慢沿弧線下放啞鈴直至上臂平行於地面。停一下，然後沿同一弧線還原啞鈴至起始位置，再重複。

垂直跨步

握一對啞鈴垂於體側。面朝平椅一側站立，然後左腳上跨步，置右腳於平椅上。右腳用力下蹬，帶動身體至椅上直至雙腳平踏椅面。接著左腳下跨步，使身體回到起始位置。然後右腳上跨步，再重複，雙腳交替進行。

雙側啞鈴划船

掌心向下握一對啞鈴。保持雙膝微屈，背部平直，腰部下彎九十度。向腹部上拉啞鈴觸及腹肌時掌心變為向上。緩慢還原，再重複。

聳肩

握一對啞鈴，直立，努力使肩峰聳向耳朵，然後下放，再重複，不要讓肩部向前或向後旋轉。

前弓步

握一對啞鈴垂於體側，直立，目視前方。左腳向前跨步直至左膝彎屈呈九十度，同時右膝幾乎觸及地面。回到起始位置，然後換右腳再重複。

仰臥法式臂屈伸

躺在平椅上，掌心相對握一對啞鈴，並置於胸上方。保持上臂不動，慢慢下放啞鈴至齊耳處。停一下，然後沿同一弧線還原啞鈴至起始位置，再重複。

站姿啞鈴彎舉

直立，握一對啞鈴垂於體側，掌心向後。左臂向上彎舉，同時旋轉手腕，進而在動作結尾處使掌心向上。進行片刻的頂峰收縮，然後慢慢下放還原，同時旋轉手腕使掌心再次向後。當左手回到原來的起始位置時，右手開始向上彎舉。

在做啞鈴運動時，因為兩隻啞鈴是完全獨立的，因此，為了保持身體的平衡和穩定，常常會調動全身各處的肌肉，包括所有細小的協助肌和穩定肌，而這些對我們身體肌肉的塑造有很大的幫助。

舒淇：保鮮膜瘦腰新法

剛出道的舒淇，身材火辣性感，至今即使年過三十，依然沒有絲毫改變。那麼，舒淇究竟是怎樣保持苗條的身材的呢？控制飲食、飯後站立半個小時、利用保鮮膜瘦身……這些就是舒淇保持身材的祕密武器。

與舒淇相同，二〇〇九快女冠軍江映蓉也是在短短幾個月內甩掉身上厚厚的贅肉。從快女開賽以來，江映蓉每場都消瘦不少。當記者對江映蓉進行採訪時，她拿出了背包中的一盒保鮮膜，透露這就是減肥的祕訣。

隨著人年齡的不斷增長，新陳代謝

反而會不斷下降，當飲食量不變的情況下，身材必然會慢慢走樣。要想拋掉身上的贅肉，最好的辦法是在控制飲食的同時，以非常手段將所有的贅肉全部消滅掉。

在瘦身的道路上，舒淇也進行過一段時間的探索，最終她總結出對自己有效的幾個方面：

光靠餓肚子無法減肥，只有合理地安排一日三餐才能奠定瘦身的基礎

生活作息要規律，許多女人發胖的原因是沒有「時間」瘦身，其實，只要學會安排時間，總能找到空閒來瘦身。舒淇認為，在飯後至少站立半個小時，這樣脂肪就不會堆積在小肚子上了。

睡覺前五個小時不能吃任何東西，因為此時的身體處於相對靜止的狀態，多餘的熱量會無法消耗。

將保鮮膜貼在想要瘦的部位，然後打開音響，跟隨節奏盡情地跳舞，享受汗流浹背的快感。

保鮮膜瘦身的原理是，利用保鮮膜比較低的透氣性，使身體局部的熱量急速增加，加速脂肪燃燒，達到減肥瘦身的效果。這種瘦身方法對局部瘦身尤其有效，例如手臂、腰腹、大腿等。到目前為止，已經有許多人享受到了保鮮膜瘦身的益處。

保鮮膜的材質很多，目前在超市裡常見的有PE和PVC。PVC的保鮮膜在製作過程中，為了增加膜的韌性和透明度，加入了百分之三十五左右的增塑劑，這種添加劑遇熱析出後，會滲透到皮膚中，造成對身體的傷害。PE材質的則有較高的耐熱性，受熱溫度只要不超過一百一十度，就是安全的。因此，在選擇時，一定要辨別成分，選擇合適的保鮮膜。

在選擇保鮮膜瘦身之前，我們還必須瞭解這種瘦身方式中的弊端：

第一，保鮮膜瘦身減去的是身體裡的水分。保鮮膜減肥法的原理與利尿劑差不多，都是經由減掉身體的水分達到瘦身的目的，因此減掉的並不是脂肪，一喝水體重可能就會恢復到原來的狀態。因此，保鮮膜瘦身一定要搭配其他的瘦身方法。例如，舒淇會搭配飲食減肥和其他的運動來鞏固減肥效果。

第二，身體被保鮮膜包裹著，細胞會因為不能正常代謝而過度失水，汗液也會因為無法正常揮發而刺激皮膚。包裹過程若持續時間過長，容易引起溼疹、毛囊炎等皮膚病，對身體造成傷害。因此，每次使用保鮮膜的時間都不能過長。

在美容院裡，有的時候也為了加強塑身效果，會結合瘦身霜來進行保鮮膜瘦身法，大家也可以借鏡使用。

張柏芝：罰站瘦身

張柏芝剛出道時有著圓圓的臉蛋，宛如可愛的鄰家女孩，消瘦後的她變得更加明豔動人，別有一番風采。在張柏芝的瘦身方法中，有一些是比較常見的。例如，張柏芝也保持著飲食瘦身的觀念，她認為瘦身的關鍵在於忍得了口，如果做不到，就永遠只能背著一身的肥肉。除了飲食之外，她還堅持跑步和跳舞的運動減肥法，使自己永遠保持曼妙的身姿。在張柏芝的瘦身方法中，最特別的是「罰站瘦身」法。

張柏芝稱，罰站瘦身法簡單又好學，只要持之以恆，就能看到顯著的效果。在室內，只要找一面牆壁就可以進行。首先，挺直脊背，緊貼牆壁站立；然後，將雙臂向兩側水平舉起，保持住動作；提起左腳至九十度，保持十分鐘，放下；再換右腳提至九十度，保持十分鐘；最後，輪流抱膝十五分鐘。在過

程中，注意背部要一直緊貼住牆壁，這樣才能加強腰腹的鍛鍊。

在做的過程中，為了減輕枯燥感，可以嘗試著一邊看電視一邊做，時間會很快地溜走。

實際上，在德國，「站立」瘦身方法早就得到了推廣和運用。德國有許多大胖子，為了有效解決這一問題，研究機構公布，站著比坐著消耗的熱量高好幾倍。在不同的場合採用站立的方式，能夠有效預防肥胖的作用。於是在德國的學校，出現了一種「站著上課」的授課模式。教室裡沒有椅子，只有比一般桌子高的特製桌子。無論是老師還是學生，都是站立著，據說，這樣燃燒的熱量是平時的三倍。

甚至在德國的企業裡，出現了許多「站立食堂」、「無椅會議」等新鮮模式。許多人認為，長期坐著工作，血液循環不暢，反而不利於思維的運轉。這種站立的模式不僅能保持人頭腦的清醒，還能瘦身，可謂一舉多得。即使休息，也可以採取站立的方式。和幾個好朋友站立成一個圈子，互相聊一些小八卦和有趣的話題，不知不覺中，身體也會消耗很多的熱量。注意，在站立的時候，盡量不要放鬆雙腳，這樣反而不利於好身材的形成。當腳站累了的時候，可以採用兩隻腳輪換支撐的方式，這樣可以讓自己站得更久一些。

一般來說，飯後站立半個小時到一個小時，對於瘦腰腹的效果非常好。大家可以注意觀察一下周圍的美女，幾乎所有擁有纖細腰肢的美女，無一例外都在飯後站立一段時間。

但是，長時間的站立也會引起腳部的腫脹，導致小腿變粗，因此在站立後需要按摩腳部，保持腳部血液的暢通。為了減輕長時間站立的腳痛，最好選擇一雙舒適柔軟的鞋子。

無論在什麼時候，什麼場合，永遠記住一條鐵則：站著比坐著好，坐著比躺著好。

蔡妍：鈕釦瘦腰

韓國當紅歌手蔡妍有許多稱呼，例如「最可愛的性感女神」、「韓國dance至尊」、「韓國碧昂斯」、「性感元祖」，蔡妍的性感可見一斑。在韓國，蔡妍的身材是公認最好的「S」型美女，據說連女人看了都會流口水。儘管韓國整容成風，臉部和身材都可以接受整形，但是平坦結實的小腹和完美的腰部曲線是很難單靠整形達成的。蔡妍是如何修飾自己的體型的呢？我們來看一下她的瘦身妙招，或許能夠從中受到一些啟發。蔡妍所採用的瘦身道具很奇特，只需要一顆鈕釦就可以了。將鈕釦放在肚臍上，收縮腹部，使鈕釦固定在肉肉中不掉下去。蔡妍說，只要堅持一段時間，腰腹部的脂肪就會消失得無影無蹤了。用這種方法還可以刺激腹部的血液循環，增強腸胃的蠕動，防止便祕。

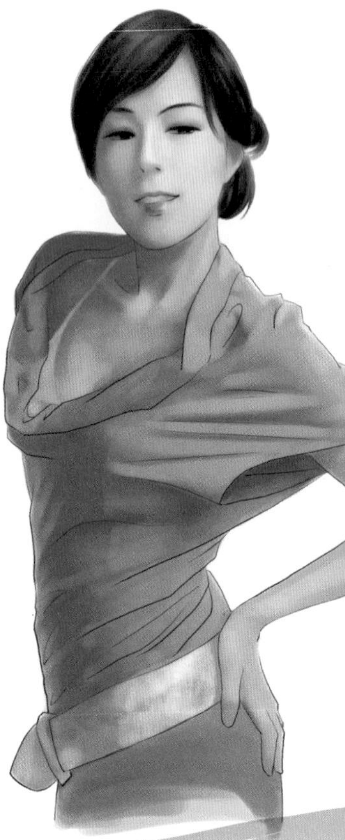

事實上，蔡妍所採用的方法是一種傳統的「縮腹瘦身法」，只不過加入了一個輔助工具，能夠幫助我們更好的控制腹部的力量。縮腹瘦身法隨時隨地都可以進行，坐著、站立、行走的時候，只要有意識

地縮腹，堅持一段時間，都可以讓小腹的肌肉變得結實。坐著進行收腹練習的時候，要保持挺直的身姿，然後微微地收縮腹部，妳會發現自己的臀部這時也在緊縮狀態，腿部的線條也會變得更加迷人。

如果妳覺得鈕釦瘦身法或者縮腹瘦身法很難控制腹部的肌肉的話，可以先嘗試下面的方法：

1. 盤腿而坐，最好採用蓮花式，如果做不到，也可以先用一隻腳水平地放在另一隻腳上。手上拿一個重物（例如書籍等）放在腦後。將重物舉到頭頂，同時呼氣收腹，然後放鬆上臂，將手自然地放回腦後，同時吸氣放鬆腹部肌肉。反覆做八到十二次。

2. 將兩個腳踝緊緊地靠在一起，平躺在墊子上，固定雙腳。手伸直在頭頂處，靠腹部的肌肉用力坐起，用手接觸腳尖，然後上身緩慢地向後倒。反覆做十次。

3. 雙手握在門框上，使身體懸空，然後用力收腹，雙腳伸直盡量上舉，使腳與軀幹呈九十度，停留片刻再緩慢放下。如果做不到九十度不要緊，只要盡力就可以了。反覆做五到十次。

4. 自然站立，左手輕輕按在腹部上，右手放在腦後。慢慢地吸氣收腹，同時左手向內壓腹部，憋一會兒氣，再呼出，帶動腹肌逐漸放鬆並向前拱起。反覆做十次。

進行以上練習後，妳會發現腹部漸漸有了力量，這個時候再進行鈕釦瘦身法就會變得容易。注意，無論是鈕釦瘦身法，還是縮腹瘦身法，都是一個長期的過程，一定要經常做才能看到效果。在進行的過程中，如果能配合腹式呼吸，效果會更好。關於這一點，我們在前面的章節中也曾介紹過。在這裡，我們簡單地回顧一下腹式呼吸的要點：吸氣時，肚皮盡量漲起；呼氣時，肚皮縮緊。腹式呼吸能夠刺激腸胃的蠕動，幫助身體排出體內的廢物，對於塑造腰線有很大的幫助。

後記

在寫這本書的時候，我和幾個女性朋友在一起聊天。一個當模特兒的朋友抱怨說，過年回家，一不注意沒有控制好飲食，使得腰部上一堆肥肉。說著，用手使勁捏出一層肉來給我們看。幾個朋友都很無言，笑言，肥死的馬比駱駝小。如同男人們用酒加深感情一樣，女人們如果能聊到「瘦身」，就證明感情已經得到了昇華。本書中，與女人間的談話進程一樣，先娓娓道來細腰的歷史，然後細數細腰的方法，最後以女性熱衷的明星們細腰法來進行論證，內容包羅萬象而又熱鬧非凡。

愛美，是女人們的天性；追求美，則是女人不能被剝奪的重要權利。人的視覺總是被美麗的事物所吸引，而美麗的女性則是眾人視線中最亮麗的風景。正因為如此，追求美、不斷完善自己成為女人們終身的事業。一個女人，如果讓她在四十公分的細腰與健康的身體之間做個選擇，她會怎麼選？維多利亞時代的女人選擇了前者，為此，她們付出了極大的代價，不能呼吸甚至面臨著不能生育的危險，顯然這並不比一個「水桶腰」來得更可怕。從古至今，女人的細腰一直都是個熱門話題。在中國古代，男性是「虎背熊腰」、「腰闊十圍」，女性則是「盈盈不堪一握」、「楊柳細腰」。同樣是腰，為什麼生在男性身上和女性身上居然有如此大的差距？我們不得不面臨的問題是，這所有的描繪幾乎都是男性創造出來的。同時，女性也慢慢地接受了這些，並運用到了自己的身上。

法國小說《O孃的故事》很生動地為我們詮釋了這一點。O孃是一個年輕美貌、痴情的女孩子，她為了自己的情人，心甘情願的淪為性奴隸。她被自己的情人帶到一座與世隔絕的古堡，在那裡她被穿上漂亮得能夠滿足男性慾望的服裝，供包括自己情人在內的男性們享用。在小說中，有大段關於這種服裝的描寫，例如：「接待她的那兩名女子，給她送來在這裡居住期間穿的衣裙……硬領的胸衣緊緊束住腰身」；「她從正面為O孃扣上胸衣的搭扣……胸衣又長又硬，就像從前束成的胡蜂腰」。O孃為了自己的愛情，甘願接受束縛，而男性幾乎無法抵抗這種細腰的誘惑，於是皆大歡喜，細腰的標準由此誕生。

女權作家西蒙．波娃說，女人由於自己的生理結構而成為女人，自誕生時起就從屬於男人。儘管這是一個平等的社會，但是大部分的話語權仍然掌握在男性手中，大部分的社會標準仍然是由男性創造的。當今天，大部分女性走出家門，外出謀職、尋求發展時，靚麗的外貌、玲瓏有致的身材仍是事業發展中的積極因素。對更多自強、獨立的女性來說，美也是充實自己、引導自己積極向上的動力。

除了情感的需求外，腰做為身體最中心的部位，與我們的健康息息相關。日本政府為男性和女性規定的腰圍尺寸上限分別是三十三．五吋和三十五．四吋。日本衛生部門指出，過粗的腰圍是導致糖尿病、高血壓、高膽固醇等疾病的罪魁禍首。日本政府甚至訂下野心勃勃的目標，要在四年內將超重的人口減少百分之十，在七年內減少百分之二十五。

今天，女性的身體已經得到了極大的釋放，沒有誰要求她們的腰只能有四十公分那麼纖細，但是細腰的美學價值依然存在。細腰給女性帶來了性感，給女性帶來了健康，希望本書能夠幫助女性朋友們盡快走上細腰之路。

國家圖書館出版品預行編目資料

我要當腰精／蔡湘晴著.
－－第一版－－臺北市：宇河文化出版；
紅螞蟻圖書發行，2011.3
面　　公分－－(Vitality；12)
ISBN 978-957-659-834-0（平裝）

1.塑身 2.腰 3.腹部

425.2　　100003430

Vitality 12

我要當腰精

作　　者／蔡湘晴
美術構成／Chris' office
校　　對／楊安妮、周英嬌、鍾佳穎
發 行 人／賴秀珍
榮譽總監／張錦基
總 編 輯／何南輝
出　　版／宇河文化出版有限公司
發　　行／紅螞蟻圖書有限公司
地　　址／台北市內湖區舊宗路二段121巷28號4F
網　　站／www.e-redant.com
郵撥帳號／1604621-1　紅螞蟻圖書有限公司
電　　話／(02)2795-3656（代表號）
傳　　眞／(02)2795-4100
登 記 證／局版北市業字第1446號
港澳總經銷／和平圖書有限公司
地　　址／香港柴灣嘉業街12號百樂門大廈17F
電　　話／(852)2804-6687
法律顧問／許晏賓律師
印 刷 廠／鴻運彩色印刷有限公司
出版日期／2011年 3 月　第一版第一刷

定價 320 元　港幣 107 元

ISBN 978-957-659-834-0　　Printed in Taiwan